U0259736

葡萄酒工艺与鉴赏

Understanding Wine Technology

第 3 版

〔英〕David Bird　主　编

廖祖宋　马静远　王春晓　主　译

李德美　王利军　主　审

中国农业大学出版社

·北京·

内 容 简 介

本书囊括了从葡萄园采收到酿酒、灌装、储存、品酒及葡萄酒法规等几乎与葡萄酒生产过程相关的所有内容。以浅显易懂的文字介绍了葡萄酒生产过程中的专业术语，深入浅出，可以帮助那些没有受过专业课程训练，但对葡萄酒感兴趣，并想知道背后生产过程的人们，更轻松地走入葡萄酒世界的大门。

图书在版编目（CIP）数据

葡萄酒工艺与鉴赏：第 3 版 /（英）大卫·伯德（David Bird）主编；廖祖宋，马静远，王春晓主译. —北京：中国农业大学出版社，2019.1

书名原文：Understanding Wine Technology (3rd edition)

ISBN 978-7-5655-2051-8

Ⅰ.①葡… Ⅱ.①大… ②廖… ③马… ④王… Ⅲ.①葡萄酒—酿酒 ②葡萄酒—品鉴 Ⅳ.①TS262.6

中国版本图书馆 CIP 数据核字（2018）第 158292 号

书　　名	葡萄酒工艺与鉴赏（第 3 版）
作　　者	〔英〕David Bird　主编　廖祖宋　马静远　王春晓　主译

策划编辑	梁爱荣	**责任编辑**	梁爱荣
封面设计	郑　川		
出版发行	中国农业大学出版社		
社　　址	北京市海淀区圆明园西路 2 号	**邮政编码**	100193
电　　话	发行部 010-62818525，8625	**读者服务部**	010-62732336
	编辑部 010-62732617，2618	**出　版　部**	010-62733440
网　　址	http://www.cau.edu.cn/caup	**E-mail**	cbsszs@cau.edu.cn
经　　销	新华书店		
印　　刷	涿州市星河印刷有限公司		
版　　次	2019 年 1 月第 1 版　　2019 年 1 月第 1 次印刷		
规　　格	880×1 230　32 开本　　9.25 印张　　275 千字		
定　　价	98.00 元		

图书如有质量问题本社发行部负责调换

译者名单
Translators List

主　　译　　廖祖宋　马静远　王春晓

参译人员（按照姓氏拼音为序）

　　　　　　郭浩炜　郝笑云　廖黄娟　刘世娟

　　　　　　苗　雯　孙翔宇　孙亚菁　谢　芳

　　　　　　姚雪楠　张　旋　张梦园　朱丹晨

主　　审　　李德美　王利军

 David Bird 是一名受过专业训练的分析化学家，同时在食品制造业从事婴儿食品、芥末和水果饮料等的分析工作。1973 年一次偶然的机会，David Bird 开始涉足葡萄酒贸易，但实际上他对葡萄酒的热情早就存在。1981 年是他的葡萄酒年，这一年他成为一名葡萄酒大师、一位特许化学家以及第一个儿子的父亲。他是质量保证技术方面的专家，如 ISO 9000 和 HACCP，并参与了法国、意大利、西班牙、葡萄牙、匈牙利、丹麦、芬兰、瑞典、挪威、荷兰、乌克兰、摩尔多瓦、俄罗斯、阿尔及利亚、澳大利亚、苏格兰、冰岛和英格兰等国家的葡萄酒活动和教育。

 他演奏风琴，是合唱团的音乐总监。在英国国家花园计划下，他的花园每年向公众慈善开放。

　　近几年来，品鉴葡萄酒已成为部分人的爱好，有人甚至尝试自己酿制葡萄酒。然而，葡萄酒尚未真正走进大众的生活，葡萄酒产品种类繁多，想把葡萄酒作为一个轻松的爱好，也真不是一件容易的事。市场上因此出现了一些《葡萄酒知识速成指南》之类的书籍，这倒真是迎合了社会需求。但是，这些速成书籍或过于简单、或专业知识不准确，越讲越乱，普通大众不得要领，只好对葡萄酒敬而远之。

　　前几天与朋友一起参加摄影旅游，期间发生了好多趣事，而让人记忆深刻的是朋友们截然不同的三种拍摄态度：其中一位专注摄影的朋友，花费了大量的业余时间系统学习摄影知识，经过数年的反复实践，拍摄水平之高颇令大家仰慕，足以算作专业级的水准。而包括我在内的几个"伪摄影迷"开始不得要领，在获得朋友的操作建议后，也会拍摄出令自己惊讶的"作品"。当然，同行有的旅友对此全然不顾，拿着自己的手机随意拍摄一通，轻松地享受自然风光的美好。面对同样的风光，三种截然不同的拍摄态度，不也是我们对待葡萄酒的态度吗？如果想要精通一个领域的知识与技能，做到得心应手、运用自如，从基础开始，进行系统学习是必经之路。当然，作为消费者不必过于纠结，葡萄酒不是必须先学几本书才能被享用，我们也可以在他人指导下，即使不懂得其中的理论基础，也能感受葡萄酒的博大精深和美妙；也可以像拿起手机拍照风景一样，从容地举起酒杯，喝下自己认为喜欢的那杯葡萄酒。但是如果在享受葡萄酒的时候，又能明白一些相关知识，何尝不是另一种享受。

　　《葡萄酒工艺与鉴赏》为葡萄酒爱好者提供了全面而准确学习葡萄酒酿造相关知识的体系。该书从葡萄酒起源、葡萄品种与风土、葡萄酒酿造与陈年、葡萄酒成品与生产管理等方面，全面介绍了相关理论与实践操作，极具系统性。该书文字简练，理论分析深入浅出。每个知识单元独立成篇，可以单独学习，便于规划学习时间，这对不具备葡萄酿酒理论基础的学习者，显得尤为重要。无论是想喝明白葡萄酒的发烧级消费者，还是想在葡萄酒行业谋求发展的人，这本书都不失为一个很好的选择。当然，《葡萄酒工艺与鉴赏》也是葡萄酒专业人士重要的参考书。

李德美

2018 年 8 月 8 日于北京

纪念我的导师、朋友 Colin Gurteen，是他让我走上了葡萄酒大师之路。

　　葡萄酒是最令人愉悦的饮品，无论是为我们种植葡萄的诺亚（Noah），还是榨取葡萄汁的酒神巴格斯（Bacchus），都带领我们回到了童年世界。

Brillat-Savarin

致 谢
Acknowledgements

1983 年，Pamela Vandyke Price 在匈牙利葡萄酒产区旅行中为一本书撒下了种子，她用外行人的语言解释了葡萄酒科学。Pamela 用了整整十六年时间说服我最终写完这本书——我欠了她很大的人情。她不仅是最早的驱动者，而且慷慨地给予了我第一次执笔写作所需要的实际帮助。

感谢 Kym Milne 的帮助。他不仅是一位葡萄酒大师，也是一位著名的现代酿酒师。

也感谢 Hugh Johnson，我们曾经都在皇家托卡伊葡萄酒公司工作，这个版本的前言由他执笔完成。

赛多利斯有限公司（Sartorius Ltd）的 Steve Ellis，赛茨（英国）（Seitz (UK)）有限公司的 Keith Pryce，以及卡尔森过滤有限公司（Carlson Filtrations Ltd）的 Mark Bannister，提供了过滤媒介的显微照片。

威弗利葡萄酒有限公司（Waverley Vintners Ltd）提供了酵母显微照片。

葡萄酒与烈酒贸易协会的 John Corbet-Milward 校对了第 23 章的内容。

第 11 章的信息和图片来自达恒索橡木桶厂（Taransaud Tonnellerie）。

W & J 格雷厄姆公司（W & J Graham & Co）提供了拉加尔的图片。

Brian Cane 提供了最有用和详细的科学评论。

Elliott Mackey 提供了非常专业的印刷帮助。

甚至我的妻子 Alice，还多次阅读手稿并详细检查索引。

引　言
Introduction

　　本书旨在针对那些没有受过专业课程训练，但对葡萄酒感兴趣，并想了解背后复杂生产机制的人们。本书最低限度地使用科学术语，并试图使用日常词汇和短语。事实上，有些地方会令科学家皱眉头，比如使用通俗语言代替了复杂的理论。在这里我并不打算致歉，因为这本书并非酿酒的学术论文，而是在正确表达的前提下使科学知识更加通俗易懂。

　　对艺术生而言，任何科学知识都难以领悟消化。不幸的是，葡萄酒领域却结合了科学与艺术。如那些毕业于罗斯沃斯（Roseworthy）或盖森海姆（Geisenheim）或波尔多大学接受过先进酿酒学教育的现代酿酒师，绝对是艺术家。创造美一定是与生俱来的感觉，画家创作出漂亮的画作，作曲家创作有趣的音乐片段，而伟大的酿酒师想创造出的作品远远超过饮料本身。艺术与科学有着千丝万缕的联系，这也是葡萄酒如此迷人的原因之一。

　　葡萄酒的无穷乐趣在于全球葡萄酒的无限多样性。一大原因是没有固定的模式生产优质葡萄酒。酿酒的每个过程会有很多选择，甚至可以使用观点完全相反的理论，因此有着无穷多的排列组合。优秀的酿酒师在每个阶段都能做出正确的选择。

　　在第3版中，已更新到最新的信息，这本书仍是葡萄酒及烈酒教育基金会（WSET）4级考试或葡萄酒大师学院考试的知识核心。这本书的内容扩展到全球主要的几种酿造方式，应该会吸引那些没有从事研究但有着好奇心想知道葡萄酒背后生产机制的人们。无论如何，我希望所有的葡萄酒爱好者都能从书中找到感兴趣的东西，从而增加阅读的乐趣。对我而言，葡萄酒是世界上最好的健康饮料。

　　我更愿意将这本书看作一本技术类或科学类图书，因为它陪伴我们一起生活。作为一个科学盲，确切地说，我曾经是一个不愿意参加考试的人（也从来没有参加过考试）。但现在这不再是一个可行的立场：因为你会错失很多机会。我们需要葡萄酒工艺方面的基础知识来理解正在发生的事情，没有这些基础知识，葡萄酒专业知识只能算空中楼阁。

　　我不确定是否把这本书叫作入门读物、记忆慢跑者或救生员——这取决于读者。对于 WSET 学生来说，本质上它是第一种，然后是第二种。对于像我这样的人来说，它是第三种而不是第一种。我们所需要的是一个关于如何酿造葡萄酒的简要说明，以及为什么当一种有趣的气味出现时很容易被提及，而不仅仅是涵盖了物理学、自然史、法律以及葡萄酒鉴赏。

　　多年来 David Bird 的第 1 版一直是我的参考读物。Peynaud、Amerine、Joslyn 和 Michael Schuster 的书使我在必要的时候可以理解得更深入，而 David Bird 的书我总是随身携带。第 3 版书增加了对世界葡萄酒主要风格的见解，这对那些葡萄酒初级爱好者以及那些认真学习葡萄酒大师考试的学生而言，同样富有乐趣。对不良风味的详细解释，使这本书对那些面临现代食品安全立法问题的酒庄特别有用。从本质上讲，这本书可以减轻学生的痛苦。

Hugh Johnson

目　录
Contents

葡萄酒工艺与鉴赏

Good wine ruins the purse; bad wine ruins the stomach.
好酒伤财，坏酒伤胃。

西班牙谚语

葡萄酒的起源
The origins of wine

即使最普通的饮酒人都知道，葡萄酒的质量差异很大，有的糟糕透顶，有的如天上甘露。因为葡萄酒都是葡萄汁的发酵产物，好奇的人不禁对这种质量和风格的多样性提出疑问：为什么原材料都是葡萄，而发酵产物却如此千差万别。

毫无疑问，人类第一次品尝葡萄酒是源自大自然的恩赐。葡萄是一种古老的植物，几千年来一直被视为有营养的水果。曾经在很长一段时间内人们将葡萄当水果来消费或用于生产可口的果汁。葡萄酒的酿造，需要将葡萄汁放置比平时更长的时间，由于空气或者葡萄皮上的自然酵母启动了酒精发酵，从而将糖转化为酒精。起初，人们认为是葡萄汁坏掉了，因为早期阶段发酵会产生一种腐烂和降解的气味。的确，正是这种降解过程将有机物转化为酒的基本成分。只有通过进一步的储存和细心品尝，人们才发现葡萄汁已经完全改变，成为了一种奇特美妙的产品。

古老的葡萄酒是在没有科学的帮助下诞生的，而且是一个非常偶然并容易错过的事物。最古老的葡萄酒可以追溯到至少 5 000 年前，正如埃及坟墓中的绘画所示。在希腊和罗马帝国时期，希波克拉底和普林尼写过关于饮用葡萄酒的益处。直到 19 世纪中期，里尔大学的路易斯·巴斯德（1822—1895）发现微生物的存在导致了发酵。但是，直到 20 世纪的最后 30 年，葡萄酒才严格应用科学原理来酿造。

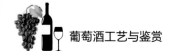

传统酿酒方式几乎没有应用任何科学：葡萄破碎成汁，利用自然存在的微生物进行发酵直到葡萄汁转化为葡萄酒，这个过程没有温度控制也没有任何分析。结果是完全不可预测的，有时极好，有时极坏。

自然循环

The natural cycle

毫无疑问，酿酒是一门艺术，酿酒师是艺术家。但是如果人们能够理解并掌握葡萄汁转变为葡萄酒背后的科学基础，那么将会挖掘葡萄的全部潜能。通过科学地应用质量控制，葡萄酒的质量可以达到顶峰。质量控制从整体意义上来说包括控制葡萄园本身的质量、控制葡萄树的质量、控制葡萄的质量、控制葡萄汁的质量、控制发酵过程和最终成品酒的质量。

这个过程起始于光合作用。绿色植物通过神奇的光合作用将二氧化碳和水合成为糖，这一合成过程需要光照和植物的绿色物质——叶绿素的帮助。叶子中产生的糖实际上是蔗糖，蔗糖可以通过树液运输到葡萄中，而葡萄是种子（养育下一代）的能源库。当蔗糖到达葡萄时，会被酸立即水解为葡萄糖和果糖。

葡萄挂果后会在阳光和温暖气温的帮助下逐渐成熟，其内在品质达到顶峰。在此阶段人为干扰和采摘葡萄都会影响葡萄的品质。值得一提的是，从葡萄串与葡萄树分离的那刻起，葡萄中的化学和生物化学变化就开始了，因此，人们需要在采摘、运输和进一步处理过程中维持葡萄的固有品质。

除此之外，在酿造之后维持葡萄酒的质量更为困难，因为葡萄酒是亚稳定性物质，它是葡萄汁不彻底分解途径下的产物（葡萄汁彻底分解会形成二氧化碳和水）。葡萄酒是葡萄汁在微生物作用下的产物，作用过程与所有生物降解为水、氮源、二氧化碳和少数矿物质盐的过程相同。事实上，葡萄酒是大自然循环过程——碳循环的一小部分。

在这个过程中，绿色植物从空气中吸收二氧化碳并将其转化为糖，随后人们利用糖来产生酒精。酒精将会增加醋的生成，而醋会分解并释放二氧化碳到空气中，最后该循环又从头开始。

完整的循环过程如下：

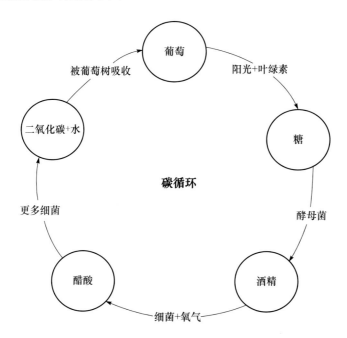

1. 葡萄树通过叶片上的气孔吸收空气中的二氧化碳，通过根吸收水分。在光照和叶片中叶绿素的帮助下，这些原材料被转化为糖，并被储存在葡萄中。

2. 葡萄被采摘和破碎之后，酵母菌将一部分来自于糖的碳原子转化为酒精，从而酿造成葡萄酒，另一部分来自于糖的碳原子以二氧化碳的形式返回空气中。

3. 下一步就是大家熟知的氧化过程，当葡萄酒接触空气中的氧气时，酒精会在醋酸菌的作用下转化为醋酸，从而酿造成醋。

4. 细菌可以将醋分解，最终形成水和二氧化碳。

5. 水流入土壤，而二氧化碳进入空气中，接下来它们准备着再次循环。

自然中的酶
Enzymes in nature

所有这些活动都依赖于酶的作用，酶在所有生命过程起关键作用，如果酶失活了，生命就终止了。氰化物有剧毒的原因是它抑制了我们身体里的酶，从而终止了我们必需的所有生理过程，因此可以导致人瞬间死亡。酶作为催化剂，可以促进某一特定化学反应但是实际上并没有参与该化学反应。它们是复杂的大分子，是生命体的前体物质。实际上酶并不是活的，而且也不能自我繁殖，但是它们很容易被抑制（见第 15 章添加剂中关于酶的更多描述）。

葡萄酒中的酶需要控制，因为有好的酶和坏的酶。好的酶负责发酵过程，不好的酶（称为氧化酶）促进快速氧化。幸运的是，没有必要使用氰化物来控制这些氧化酶，因为很多低毒的化学物质可以抑制它们，比如广泛应用在葡萄酒酿造中的二氧化硫。

科学的应用已经给予了酿酒师很多选择。酿造过程的每一步都有选择，而其中很多选择是由于科研才成为可能。酿造优秀葡萄酒比以往具有更多的可能性。同样，以往也从来没有这么多高质量的葡萄酒以如此低的价格出售。

葡萄酒和健康
Wine and health

饮用葡萄酒的益处首先曝光于 1991 年 CBS 的一档 60 min 的节目，该节目讨论了一项后来被俗称为"法国悖论"的研究结果。该研究的目的是证明乳脂的摄入与冠心病高度相关。法国某些城市的人口呈现了一种悖论——尽管他们的饮食中包含了很高比例的脂肪食品，但是冠心病的发生率很低。进一步的调查表明酒精的摄入在这种情况下发挥了重要作用。

2008 年的泰晤士报报道称，生活在图卢兹的 35～64 岁的冠心病人死亡率是 0.078%，而在贝尔法斯特是 0.348%，在格拉斯哥是 0.38%。这三个城市的人均饮酒量几乎相同，只是在图卢兹，人们饮用的几乎全是红葡萄酒。

本书第 1 版（出版于 2000 年）中，开头语写道："如果我们能够生活在一个知道葡萄酒对我们有益的时代，该是多么快乐啊！"由此可见，过去的观念转变得真快。在早些年，我们一直警告酒的危害，它如何使人上瘾，如何损害肝脏，过量饮酒如何破坏家庭。这些危险依然非常真实，适度饮酒仍然是我们应该遵守的原则。现在的问题是我们正接收着各种信息，尤其是来自于众多研究小组关于酒精饮料对人体影响的信息。这是一个热门的研究领域，因为参与者们知道相关研究结果将会令媒体欢欣鼓舞。洪水般泛滥的研究数据导致的不幸结果是一些互相冲突的结果正在被发表。某个研究组发现饮用葡萄酒导致癌症，然而另外一个研究组认为葡萄酒中的多酚可以预防癌症。有研究组声明葡萄酒增加血压因此对心脏不好，但是另一研究组认为葡萄酒含有保护心脏的物质。最好的建议就是忽略这些研究结果，适度饮酒，享受葡萄酒的乐趣。毕竟，数个世纪以来，人们一直饮用葡萄酒，并且一直认为在适度饮用的情况下，葡萄酒是一种健康的普通饮料。

饮烈酒和酗酒是最大的危险。烈酒会使血液中的酒精水平飙升，在同等酒精摄入量的情况下，相比于低度的葡萄酒或啤酒，烈酒会使血液中的酒精水平更高。定期适量的饮酒会导致肝脏中乙醇脱氢酶（分解酒精的酶）水平的上升，因此会帮助人体快速有效地代谢酒精。但酗酒不适于此种情况。酗酒后人们会疲于应对突然泛滥的酒精，导致严重的中毒和器官损伤。

葡萄酒中特定有益成分的属性如下所示，该部分内容经许多研究表明为事实，不是虚假或有限的研究结果。

• 酒精 *Alcohol*

众所周知，酒精会增加高密度胆固醇，即所谓的可以降低心脏病风险的"好的胆固醇"，同时会降低"危险形式"的胆固醇，即低密度胆固醇。

酒精还可以作为抗凝剂发挥积极作用，通过避免血液中血小板的凝集来防止血栓的形成。酒精对人体系统还有放松的效用，在不滥用的情

况下具有极大的社会价值。

• 黄酮类化合物 *Flavonoids*

　　最近的研究表明黄酮类化合物（多酚）是一组极其重要的化合物，特别关系到人体健康，因为它们是强大的抗氧化剂，与一些维生素作用类似。人体的衰老主要由于氧化，因此饮食中需要加入抗氧化剂。某些黄酮类化合物具有与酒精相同的宝贵特性——避免血液中血小板的凝集，从而减少冠心病的发生概率。由此可见，这些黄酮类化合物赋予了葡萄酒宝贵的"有益"特性，延缓了衰老的进程。尤其是红葡萄酒，因为它们比白葡萄酒或桃红葡萄酒含有更高水平的多酚。因此，每天两杯红葡萄酒的建议是有益的。

• 白藜芦醇 *Resveratrol*

　　白藜芦醇是最近在葡萄酒中发现的另外一种促进健康的物质。它是植物抗毒素的一员，在植物遭受胁迫时产生，比如恶劣天气或者昆虫或动物侵袭。它可以保护植物免受真菌病害。在不少植物中发现有白藜芦醇，但人们发现红葡萄酒中尤为丰富。白藜芦醇既是抗氧化剂又是抗诱变剂，并且能在癌症发生的三个不同时期起抑制作用，包括癌症的开始阶段、入侵阶段和发展阶段。除此之外，它还表现出了特定的抗生素行为，可以控制病菌的生长，比如肺炎衣原体和幽门螺杆菌。

• 钾 *Potassium*

　　葡萄酒中与健康积极相关的另一方面是它所含有的高自然水平的钾盐。虽然钠也是生物功能所必需的一类元素，但是过量的钠会导致血压升高，或者过度紧张。现代饮食尤其是小吃和许多快餐，含有过多的钠。钾虽然与钠的化学关系密切，但不会对血压产生不良影响，而且钾在体内具有替代钠的有用特性，被钾替代的钠可通过尿液排出体外。

• 组胺 *Histamine*

　　组胺是生物胺家族的一员。胺是生命有机体的必要组成成分，在地球生命中发挥了重要的作用。生物胺由于会引起如低血压、面部潮红、鼻塞等问题，因此声名狼藉。当出现这些症状时，人们有时会归咎于葡萄酒，但这些症状不太可能由于葡萄酒中的组胺造成。食品如成熟奶酪、鱼、肉和酵母提取物，其组胺含量至少是葡萄酒的 10 倍。

现代悖论

The modern paradox

不少国家在努力寻找办法以降低过量饮酒对人体及社区的危害。大部分建议是关于财政方面，比如增加税收或者每单位酒精的最小控价。不幸的是，这些措施损害了大部分有规律的适度饮酒者，同时也并未解决问题本身。没有必要实施新的法规，因为现存的法律明确禁止向未成年人或喝醉酒的人销售酒精饮品。唯一可行的是改变我们对醉酒的态度，要做到这一点并非易事。我们要让年轻人知道喝醉酒并不帅气、并不聪明，而是愚蠢和悲哀的。

葡萄酒具有多种有益特性：可以降低冠心病、血栓症、阿尔茨海默症、癌症和白血病的风险，还可以避免摄入过多的盐。

所以，让我们陶醉在有规律的、适度的饮酒中（男人一天最多半瓶葡萄酒，女人稍微少一些），并获取葡萄酒可以赋予我们的益处。毕竟，葡萄酒是人类已知的最古老的饮料之一。

C第2章 葡萄园
hapter 2 Vineyard

Noah, a tiller of the soil, was the first to plant the vine.
诺亚，土地的耕种者，是第一个种植葡萄树的人。

《圣经：创世纪》9[20]

葡萄树
The vine

葡萄酒是由葡萄酿成的，而且只能由葡萄酿制而成。这个说法可能听起来有点武断，尤其是那些习惯于使用苹果、覆盆子、红醋栗、波叶大黄、荨麻或者任何可以食用的水果、蔬菜及叶片来酿造"葡萄酒"的人。此类产品必须根据酿造原材料来命名，比如"苹果酒"。

葡萄是葡萄树结出的果实，而葡萄树是藤本植物大家庭中的一员。在藤本植物中只有少数几种适合酿造葡萄酒。葡萄树的研究被称为 ampelography，来源于希腊语 *ampelos*，毫无疑问，*ampelos* 意思是葡萄树。

葡萄树所属的家族被称为葡萄科（Vitaceae），该科植物表现出蔓和缠绕的趋势。葡萄科是含有 11 个属的大家庭，但是到目前为止最重要的属是葡萄属（*Vitis*）。另一个著名的属是爬山虎属（*Parthenocissus*），五色地锦和波士顿常春藤都属于该属。

葡萄属含有 60 个不同的种，很少几个种适合产出葡萄酿造葡萄酒。到目前为止，最重要的种是 *V. vinifera*，欧洲葡萄。其他在葡萄酒酿造中使用的种有：*V. labrusca*，美洲葡萄；*V. riparia*，河岸葡萄；*V. aestivalis*，夏葡萄和 *V. rotundifolia*，圆叶葡萄。*V. vinifera*，是欧洲葡萄唯一一个种，其香气能被全世界所接受，而其他种可以为欧洲葡萄提供砧木如抵抗根瘤蚜。

欧洲葡萄包含很多品种，大约有 1 000 种，其中不少品种十分有

名，比如赤霞珠（Cabernet Sauvignon）和霞多丽（Chardonnay），这两个品种可能是世界上分布最广的品种。

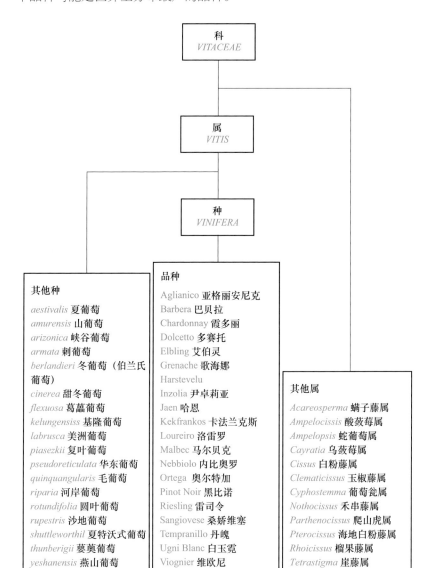

科
VITACEAE

属
VITIS

种
VINIFERA

其他种

aestivalis 夏葡萄
amurensis 山葡萄
arizonica 峡谷葡萄
armata 刺葡萄
berlandieri 冬葡萄（伯兰氏葡萄）
cinerea 甜冬葡萄
flexuosa 葛藟葡萄
kelungensiss 基隆葡萄
labrusca 美洲葡萄
piasezkii 复叶葡萄
pseudoreticulata 华东葡萄
quinquangularis 毛葡萄
riparia 河岸葡萄
rotundifolia 圆叶葡萄
rupestris 沙地葡萄
shuttleworthii 夏特沃式葡萄
thunbergii 蘡薁葡萄
yeshanensis 燕山葡萄

品种

Aglianico 亚格丽安尼克
Barbera 巴贝拉
Chardonnay 霞多丽
Dolcetto 多赛托
Elbling 艾伯灵
Grenache 歌海娜
Harstevelu
Inzolia 尹卓莉亚
Jaen 哈恩
Kekfrankos 卡法兰克斯
Loureiro 洛雷罗
Malbec 马尔贝克
Nebbiolo 内比奥罗
Ortega 奥尔特加
Pinot Noir 黑比诺
Riesling 雷司令
Sangiovese 桑娇维塞
Tempranillo 丹魄
Ugni Blanc 白玉霓
Viognier 维欧尼

其他属

Acareosperma 螨子藤属
Ampelocissis 酸蔹莓属
Ampelopsis 蛇葡萄属
Cayratia 乌蔹莓属
Cissus 白粉藤属
Clematicissus 玉椒藤属
Cyphostemma 葡萄瓮属
Nothocissus 禾串藤属
Parthenocissus 爬山虎属
Pterocissus 海地白粉藤属
Rhoicissus 榴果藤属
Tetrastigma 崖藤属

欧洲葡萄系谱树

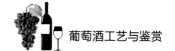

选择合适的葡萄树不仅需要选对合适的品种，还可能需要选择合适的品系（clones）。品系这个词有些误导，它真正的含义是相同的副本。对于葡萄树，品系意味着选择一种特定的葡萄树，这种葡萄树具有与大多数葡萄树不同的特性。当选择某种品系时，可通过扦插进行繁殖。通过这种方式有可能培育出高品质、高抗病性、高产、颜色更深或者果粒更小的葡萄树。因此，这些品系不同于葡萄品种，但在整个品系群里它们又是相同的。

将来会通过遗传改良选择优秀的品系。葡萄树是很脆弱的植物，会遭受病原体的侵袭，如霉菌和病毒。因此，具备抗病性的葡萄树具有很好的优势。但是，我们对植物的遗传改良需要保持平和的态度。

根瘤蚜和嫁接
Phylloxera & grafting

葡萄根瘤蚜通过英国皇家葡萄园进入欧洲，虽然是无意之举，却成为英国抹不去的耻辱。出于实验目的，19世纪人们从美洲引进葡萄树，这批葡萄树带有根瘤蚜。根瘤蚜通过攻击根系迅速摧毁了许多历史悠久的葡萄园，很快便蔓延到整个欧洲。那时的人们只能眼睁睁地看着葡萄树逐年离奇死亡，却不知原因。到19世纪末期，根瘤蚜已摧毁了欧洲70%的葡萄园，对于葡萄酒产业这像是世界末日。最终人们发现罪魁祸首是一种具有复杂生活史的小蚜虫，即根瘤蚜。根瘤蚜的成熟体是一种带翅昆虫，可以从一株葡萄树飞到另一株葡萄树。这种昆虫可以产几百个卵，卵孵化成幼虫，有些幼虫进入土壤，攻击根系并形成瘤，从而迅速使根系崩溃。人们疯狂地采取各种措施以杀死这种害虫，比如淹没整个葡萄园，或使用有毒化学试剂处理，但最终以失败告终。科学家跑到美洲寻踪根瘤蚜，发现在美洲这种害虫可以与美洲葡萄和睦相处。既然如此，将欧洲葡萄嫁接到美洲种葡萄砧木似乎合乎逻辑，最终大获成功。

嫁接已经成为世界性的名词，除了在智利和塞浦路斯，由于根瘤蚜无法逾越海洋和高山，因此还从未到达这两个国家。事实上，嫁接有着很好的作用，可以通过选择合适的砧木将葡萄树与土壤匹配。可以在营

养丰富的土壤选择树势弱的砧木；可以针对白垩土选择耐碱性的土壤。现在人们认为砧木的选择与葡萄品种的选择同样重要。

等待种植的葡萄嫁接苗。底部是美洲种砧木，上部的欧洲种葡萄芽被涂上了绿色的蜡来防止干枯

气候
Climate

成熟葡萄的糖酸平衡对葡萄酒的质量十分重要。这种平衡取决于葡萄在生长季节接收的光照强度，这是最基本的气候要素——光照太足会导致酸低糖高，最终使酒疲软酒精度高。相反，光照匮乏会使酒单薄尖酸，甚至可能由于酒精度过低而不能称为葡萄酒。欧盟对餐酒的最低要求是葡萄中的天然糖分产生的酒精度不低于 8.5% vol。

气候不在我们的可控范围，关于成熟度我们能做的是留心小气候，仔细选择海拔和坡向。

小气候对于葡萄酒的质量有着重要作用。在世界各个地方，人们通过选择高海拔位置来降低太阳的影响，或者在光照缺乏的地方，选择向阳的斜坡以充分利用光照，尤其在早晨和傍晚。

整形和修剪
Training & pruning

　　葡萄树可以被修整成各种形状。这点给我们另一种控制葡萄成熟度的办法，即控制热效应。对树叶的管理形成了葡萄树的叶幕，叶幕管理在季风气候下尤为重要。在季风气候区人们可以采用不同的整形方式增加或减少光照效应。在教皇新堡地区的葡萄园，人们采用灌木形式的整形方式来加强光照效应。这种整形方式的葡萄树主蔓较短，结果部位会接近地面。这种方式可以最大化地利用光照，包括直接或间接利用从鹅卵石或布丁岩反射的热量，这些石头可以储存大量的热量，在晚上会释放出热量，从而使葡萄树包裹着温暖的空气。

　　在热气候条件下，如果想要更清爽新鲜的葡萄酒，葡萄树可以采用高位整形方式，如枝条形成藤架。使用这种整形方式，葡萄遮蔽在叶片下面，从而保持阴凉。

　　相反，在凉爽的边缘气候（如英国），人们多采用一些专门的整形方式，比如日内瓦双臂式精细控制叶果比，从而使采光最大化，保证糖的积累最大化。

意大利马尔凯地区的葡萄采用 *tendone* 整形方式来减少阳光的效应

就像我们需要严格控制葡萄汁香气成分的浓度一样，在全年修剪中我们也需要坚持同样的原则——严格控制，从而保证少量的宝贵成分不会扩散到所有枝条中，而是分布在某些重要的枝条中。葡萄是酿造葡萄酒的基本原料，葡萄酒的潜在质量潜藏于葡萄汁中。在酿造全程都必须保持这一质量。俗话说"好葡萄酒是种出来的"非常贴切。换句话说，"可以用好葡萄酿造坏葡萄酒，但无法用坏葡萄酿造好葡萄酒"。

土壤和水分
Soil & water

酿酒葡萄种植的基本原则是促进葡萄树长出强大的根系从而为叶片系统的生长供应足够的矿物质和营养。众所周知，叶片是光合作用产生糖分的场所。所有这些成分最终会被转运到葡萄中进行储藏。地上系统的修剪可以确保这些物质集中在一小部分葡萄。在营养丰富的土壤中，葡萄树会出现根系小树势徒长的情况，这样的葡萄其香气浓郁度无法达到酿造优质酒的要求。在排水良好的贫瘠土壤中，葡萄树被迫使形成强大的根系。这些根可以深深扎进底土寻找水分和营养，从而吸取足够的矿物质并转运到葡萄中。

毫无疑问，葡萄树具有与人类相似的行为。最好的结果是使葡萄遭受一定程度的胁迫作用。懒惰和受宠溺的人几乎不会创造任何利益。同样的，长在肥沃土壤中的葡萄枝繁叶茂，果粒较大，这样酿出的酒也会单调。这就是 20 世纪中期的真实情况，阿拉蒙葡萄被种植在朗格多克平原肥沃的土壤上。最终酿出的葡萄酒质量很差，几乎无法售出。

与其他许多草本植物相同，葡萄树没有主根，但具有不少优质营养根。当遭受水分胁迫时，这些营养根可以向下延伸至底土。葡萄园的排水系统是影响葡萄质量的主要因素。许多年前人们发现梅多克砂砾斜坡上葡萄质量的不同，主要是由于邻近小溪和人造排水渠，水通过它们流出砂砾土，其中最好的葡萄园具有最好的排水系统。

现在人们普遍接受好的排水系统的重要性，但还没有完全理解排水对各种土壤类型质量的影响，很有可能是因为葡萄树耐受力较强。现在已知的是碱性土壤强化了白葡萄的特性，正如桑塞尔葡萄酒和香槟。砂砾土

尤其产出好的红葡萄酒，如梅多克地区。但是土壤与葡萄品种之间的关系并不精确，而且好的葡萄酒产自世界各地不同土壤和葡萄树的结合。

葡萄汁中必要成分的浓度跟种植密度有关，葡萄树成为浓缩型植物的"选矿厂"。根系从大量土层和亚土层中汇集矿物质和香气前体物质，并将它们浓缩在葡萄中。种植密度可以有效控制在一定数量的植物中分配土壤中的可用资源。在肥沃的土壤中，人们通过密集种植葡萄树引起营养物质的竞争，从而使根部深入底土。

近年来一项获取香气的技术是利用行间草本植物控制葡萄树可用的水分。曾经人们认为不好的管理导致野草在葡萄树之间的生长。现在人们意识到这些植物会竞争水分和营养物质，因此某种意义上对葡萄的质量有着积极影响。在降雨过量的年份，草本植物会去吸收土壤中的一部分水分，从而使葡萄浓缩。有些果农甚至会选择特定的植物播种在葡萄树行间。在生长季节，草本覆盖物被收割并留在原地分解，从而使可观的氮源返回土壤中。

灌溉
Irrigation

在欧洲，大部分生产优质酒的葡萄园禁止灌溉，理由是灌溉会稀释葡萄汁。这一点应该非常遗憾。

在旱季，正确运用水分会酿出十分平衡的葡萄酒。没有水分，葡萄树由于水分胁迫趋向于停工，导致酿出的酒单宁感很强，缺乏果味。

很多新世界葡萄园经常灌溉。欧洲仍保留严格的立法，其实是搬起石头砸自己的脚。

有一个更聪明的技术称为"根系交替灌溉"，该技术只从一侧灌溉葡萄树，根系的另一侧仍然是干的。缺水的根系会给植物发出停工的化学信号，葡萄树会将全部能量用于果实的生长而非植物的生长。而湿的一侧根系可以保持水分的供应，这些水分直接用于葡萄树的生长。

葡萄园土壤水分的控制无疑是控制葡萄树生长和高质量葡萄的有效方式。过量灌溉会稀释葡萄汁而酿出不好的葡萄酒，相信谁都不愿意发生这一情况。

疏果
Green harvest

　　生长季的目标是得到健康浓缩的葡萄，而不是大而甜美的鲜食葡萄。这就涉及葡萄树良好的叶幕管理，通过合适的叶片生长确保好的糖分产量，同时要避免葡萄荫蔽太多，因为会产生生青味。因此，谨细的夏季修剪十分重要。

　　每株葡萄树的挂果数量很重要。记住葡萄树是浓缩植物，它将所有能量和香气集中到少量葡萄中。通过修剪预测产量并非易事，通常很有必要进行"疏果"。这个奢侈的过程会剪掉一部分绿色的果穗。这些葡萄被扔到地上腐烂掉，整个葡萄园看上去有些狼藉。然而，这是一种使剩余果穗更加浓缩行之有效的办法。

　　选择合适的疏果时间对于浓缩作用十分重要。如果太早，葡萄树会由于损失不少果实而趋于停工，这违背了我们的初衷。如果太晚，许多已经被葡萄吸收的能量将会损失。通常情况下，正确的时间大约在转色期。

被剪掉的果串留在地上腐烂

风土条件
Terroir

　　人们经常会谈及 terroir，这是一个法语单词，字面意思是"与土壤

相关"。然而，这并不是它在葡萄酒的原意。Terroir 不单纯表示土壤，更多的是影响葡萄质量的葡萄园的地理环境，也即风土。

Terroir 包含气候、土壤类型、地形和其他因素，甚至包括人类。它的真实意思是所有可以改变葡萄和葡萄酒质量的外在影响因素的总和。

许多人认为这是一个优质园拥有者杜撰出来的单词，其目的是为了保护他们的利益。也许这是事实，但的确存在有力的证据证明这个概念的真实性。

葡萄园体系
Vineyard systems

葡萄虽然生长旺盛，实际却是一种容易被各种麻烦和疾病侵扰的柔弱敏感植物。在世界很多地方人们被一种所谓的骑士精神所领导，采用各种天然物质或者人造物质进行喷洒，以此杀死侵染的微生物。这种方法粗鲁且对环境有害，目前正逐渐被一种更柔和的体系所取代，该体系采用与葡萄树协同工作的方式，而不是对抗的形式。

• 葡萄合理种植 *Viticulture Raisonée*

"合理对抗"是葡萄树与周围环境所遵循的一种方式，这种方式只出现在有必要对抗害虫和疾病的时候。在法国，Terra Vitis 组织 (生态环境种植协会) 支持这一方式。它的基础是观察葡萄园并监管葡萄树的状态。一定水平的害虫和疾病是可接受的，只有当害虫和疾病水平超标时，才会采取治疗措施。

所有防治方式都应记录下来，从而使整个过程可以追溯。这种做法非常明智，因为促进了葡萄园与种植者的关系，同时避免了不必要的化学物质的应用。

• 有机栽培 *Organic viticulture*

虽然经常听到"有机葡萄酒"，但它不具有真实意义。用这种方式酿造的葡萄酒的正确定义是"由有机种植的葡萄酿造的葡萄酒"。完全利用自然方式来控制昆虫、真菌和野草。长远而言，自然农业技术是所有体系的核心。只有不使用除草剂、杀虫剂或化学肥料的才被认定为有机葡萄酒，人们只能利用自然存在的物质。二氧化硫允许用作抗氧化剂和抗菌剂，但是允许量低于常规葡萄酒。有机葡萄园必须通过自然植物区或森林隔离开，以避免被其他葡萄园使用的化学物质污染。认证有机产品可以保证：

1. 至少在 3 年内该土地没有使用有害合成化学剂；
2. 只使用了无毒、环境友好型的方法和材料来种植作物；
3. 使用无毒设备清理和害虫控制方法；
4. 装瓶过程没有接触禁止使用的材料。

整个过程，从葡萄园管理到葡萄酿造再到最终的装瓶，都在原产地授权的组织监管下进行，且每年都要监测。

- 生物动力种植法 *Biodynamic viticulture*

该体系是自然农业的最终状态而不是依赖人为干预。奥地利哲学家和科学家鲁道夫·斯坦纳 1924 年首次阐述了自然农业的原则。该体系的核心是将整个农业看成一个独立的生物体，人类在任何阶段的错误干扰都会产生疾病。人造化肥和杀虫剂应完全被唾弃。通过使用自然的东西并结合根据宇宙规则得出的时间进行控制。这种方式很容易受到嘲讽，因为使用了一些不同寻常的东西：

- 在牛角中发酵的牛粪；
- 在鹿膀胱发酵的蓍草花；
- 荨麻茶；
- 缬草花的汁液；
- 马尾植物的浸提物。

第一次生物动力学葡萄酒世界论坛于 2004 年在澳大利亚举行，此次会议的关键发言人是来自 Coulee de Serrant 的尼古拉斯·乔利。该手册给出了如下关于生物动力学的解释：

- 生物动力学方法涉及使用专门发明的制剂，可以协助将整个农场单元与土壤和大气的动力学节奏结合到一起。
- 生物动力学更进一步地利用地表土壤和自然中的无形能源。

• 由于与能源世界的联系，生物动力学有助于增加个性，该个性的法语名称为 terroir。

然而，接受生物动力学葡萄栽培体系的某些基本准则可能有些困难，但不可否认的是使用该系统可以酿造优质葡萄酒。著名的生物动力学酿酒师包括罗曼尼康帝的多迈钠、勃艮第的多迈钠·勒弗莱夫、阿尔萨斯的鸿布列什酒庄（Zind Humbrecht）、卢瓦尔河谷的乔利和罗纳河谷的查普提尔及世界其他国家的许多酿酒师。

第 3 章

葡萄的内在
Inside the Grape

Chapter 3

My friend had a vineyard on a fertile hillside...
He expected it to yield grapes, but sour grapes were all that it gave.
我的朋友在一片肥沃的山坡地上有一个葡萄园……
他希望这片葡萄园可以产出葡萄，但是产出的都是酸葡萄。

Isaiah 5.1-2

　　葡萄提供了葡萄酒酿造需要的所有成分，最终形成了葡萄酒的质量风格。酿酒师可以影响葡萄酒最终的平衡度，但是却不可能凭空添加一些质量特点。葡萄汁的糖、酸和多酚的平衡对成品葡萄酒的风格具有重要意义。太多的光照和热量会形成一款具有高酒度和低酸度的葡萄酒，给人以热辣但松弛的口感。反之则会酿出一款令人不快的、单薄的、高酸度的只适合进行蒸馏的混合物（而且有可能偶然地酿出适于一流白兰地的优秀原酒）。"平衡"是葡萄酒酿造和品尝过程中经常使用的一个词，因为正是葡萄汁主要成分的平衡才会酿出一款有魅力的葡萄酒。

糖
Sugars

　　与大部分水果一样，不成熟的葡萄含有低浓度的糖和高浓度的酸：通过光合作用产生足够的糖需要光照和温度。光合作用是个神奇的生物化学过程，通过光合作用绿色植物能够利用叶绿素及来自光照和温度的能量将二氧化碳和水分合成为糖。该过程产生的糖是蔗糖，与我们从甘蔗和甜菜中提取的糖一样。

$$12CO_2 + 11H_2O \rightarrow C_{12}H_{22}O_{11} + 12O_2$$

从上面的反应式我们可以看到，该过程不仅产生氧气，而且吸收二氧化碳，而二氧化碳是造成地球温室效应的气体之一。这就是为什么人们声称世界范围内的森林破坏将加速全球变暖。

在生长季，葡萄树会将叶片生产的蔗糖运输到葡萄中，因此葡萄充当了储存室的作用。但葡萄的内在会发生重要的变化。由于葡萄中酸的存在，蔗糖会被立即水解为葡萄糖和果糖。

$$C_{12}H_{22}O_{11} + H_2O \rightarrow C_6H_{12}O_6 + C_6H_{12}O_6$$

蔗糖　　　　　　　　葡萄糖　　果糖

葡萄糖与果糖密切相关，因为它们的分子具有相同数量的原子，只不过它们的分子构型不同。这种情况用化学术语可称之为同分异构体。葡萄糖与果糖具有不同的属性，尤其是甜度。果糖最甜，其次是蔗糖，最后是葡萄糖。葡萄酒酵母实际上最喜欢葡萄糖，它们会优先消耗葡萄糖，因此甜葡萄酒的主要甜味物质是果糖。葡萄糖分的积累十分依赖于天气：温度越高光照越强，产生的糖分就越多。

通过使用便携式折光仪测量葡萄汁的含糖量可以很容易地确定葡萄中糖的产生过程。便携式折光仪是一个可以直接给出糖度读数的简易装置，它实际上是通过测量葡萄汁的折射指数来工作的。由于糖分的浓度至少是其他组分的 10 倍，因此该测量可以很好地反映糖浓度。我们先滴几滴葡萄汁在棱镜上，然后关上盖子，最后通过目镜平视就可以读取刻度。

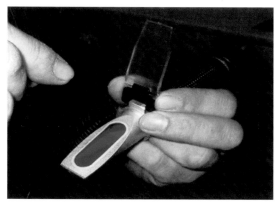

棱镜部分打开的折光仪，以示放置葡萄液滴的位置

折光仪刻度表明贵腐葡萄中糖的浓度为 365 g/L

常见的问题是天气的不可捉摸。如果糖浓度较低，葡萄树的进一步成熟会最终增加糖的浓度；但是如果降雨，糖的浓度可能会由于稀释而降低。采摘时间的决定彰显了酿酒师的专业技能。

酸

Acids

大多数水果第二大主要成分是酸。葡萄含有天然的酸类物质，可以给予清新的口感，并将这一品质保留到最终的葡萄酒中，因此酸是所有葡萄酒风味物质的一个必要成分。不同于糖的产生，酸主要由葡萄自身产生。

葡萄的两大主要酸类物质是苹果酸和酒石酸，它们的总量占据了葡萄酸度的 90%。

$$HOOC.CHOH.CH_2.COOH \ 苹果酸$$
$$HOOC.CHOH.CHOH.COOH \ 酒石酸$$

非常生青的葡萄主要含有苹果酸，它是苹果中的主要酸类物质，口感十分尖锐。苹果酸在葡萄的生命过程甚至是随后的葡萄酒发挥了积极的作用。这是为什么酿酒师有时对成品酒的苹果酸十分谨慎的原因，他们更喜欢使用酒石酸进行葡萄酒的调配。

首先，葡萄可以将苹果酸作为能源来消耗。其次，在成熟的后期，另一个神奇的转化会发生。苹果酸能够转化为葡萄糖，这对于门外汉来说可能看上去令人吃惊。该过程被称为糖异生作用——糖的再次生产。糖异生作用是人体内的一个重要过程，当人体处于饥饿状态或者过度运动时，可以利用其他物质合成葡萄糖。

该过程的结果是随着成熟度的升高，葡萄的苹果酸的比率下降。

酒石酸完全不同于苹果酸，它是由糖合成过程的副产物形成的。它是大部分成品葡萄酒的主要酸类物质，也是葡萄独有的酸。它的名字来源于葡萄酒储存容器中发现的主要沉淀盐物质。酒石酸是一种生物化学非常稳定的酸，因此它在葡萄中的含量随着糖分的积累而呈比例上升。

因此，随着葡萄的成熟，苹果酸的比例下降，而酒石酸的比例上升。

　　然后，葡萄汁的总酸度是下降的，而且这种酸度的下降随着温度的升高而增加。造成这种现象的主要原因是大量被运输到葡萄中的糖稀释了这些酸类物质。因此，酒石酸的酸度下降主要是由于糖的稀释作用，而苹果酸的下降是由于它被生物化学反应破坏掉了。

　　在葡萄酒酿造的后期，当酒精发酵结束之后，苹果酸可以在一种细菌的帮助下进行另外一种生物转化，被称为苹 - 乳发酵。苹 - 乳发酵阶段非常酸的苹果酸被转化为乳酸，乳酸是一种常见于酸奶中非常柔和的酸。我们可以通过简单的滴定反应来测量这些酸类物质。

矿物质盐
Mineral salts

　　葡萄汁富含多种矿物质，这些矿物质由葡萄树的根系进入底土吸收水分时所吸收。其中最丰富的矿物质是钾盐，至少是其他类矿物质浓度的 10 倍。钾盐与糖的产生和转移有关。糖是葡萄汁中最丰富的组分，钾盐的大量存在也就不足为奇了。正如人们所预想的，葡萄中的钾盐浓度会随着糖分的积累而上升。

　　然而，这却是一把双刃剑。一方面，钾盐是有价值的元素，给予葡萄酒的养生特性。另一方面，钾盐与酒石酸盐晶体引起诸多问题，正是酒石酸氢钾在酒瓶中的沉淀引起了消费者的投诉。

　　第二丰富的矿质元素是钙（Ca），钙也与酒石酸晶体的形成有关。其他元素还包括镁（Mg）、少量的铁（Fe）和铜（Cu），以及许多其他微量元素。葡萄汁中的总矿物质盐含量与酸类物质密切相关，因为这些盐类物质会影响成品酒的酸性口感。虽然葡萄汁中的酸提供了酸度，但是口腔的实际口感却不是由酸类物质的含量高低而是由葡萄汁的 pH 决定的。pH 是由酸类物质和盐类物质的相互作用控制的。某些盐类物质的存在可以通过"缓冲"效应来改变酸度。

酚类化合物
Phenolic compounds

　　这是一类复杂且广泛的化合物，主要可以分为两类：非黄酮类和黄酮类。

非黄酮类：是由基于苯甲酸和苯丙烯酸的相对小的分子构成的简单化合物，存在于葡萄果肉中。它们对成品葡萄酒的风味口感影响相对较小。

黄酮类化合物（多酚）：是含有大分子的相对复杂的化合物，主要发现于果皮和果梗。一般来说，多酚物质最重要的特性是其强抗氧化性，它们不仅对葡萄酒本身而且对葡萄酒消费者具有保鲜作用。红葡萄酒一般比白葡萄酒具有更长的生命，其中一个原因是红葡萄酒含有更高浓度的多酚类物质。类似地，据说红葡萄酒比白葡萄酒对人体益处更大。

多酚类物质可进一步分为单宁和花色苷。

- **单宁 *Tannins***

单宁是一种分布广泛的化合物，在很多植物中都有发现，可能最有名的是茶和大黄。众所周知，它们会产生一种干燥的口感。单宁常见于葡萄的葡萄皮、果梗和种子中。其中最主要的来源是葡萄皮，单宁主要存在于葡萄皮相对坚韧的细胞中。如果处理葡萄皮的方式较粗暴或压榨过度，许多含有单宁的细胞就会破裂，从而释放出较多的单宁类物质。

果梗富含单宁，因此在浸渍阶段果柄与葡萄汁的接触会导致葡萄汁中含有较高的单宁。此外，如果葡萄皮和葡萄汁已经含有充足的单宁，人们会进行全部除梗或者部分除梗。

种子也含有单宁，占据了葡萄浆果中总多酚含量的 20%～55%，因此果实的成熟度非常重要。

随着温度和成熟度的增加，葡萄皮的多酚类物质的化学组成会发生变化，从而使不成熟葡萄中苦涩而"生青"的单宁变得更为柔和。这种现象会极大影响来源于不同气候的红葡萄酒的品尝特性。来自冷凉地区的葡萄酒，如卢瓦尔河谷和波尔多，具有典型的坚硬的单宁口感，然而来自炎热地区的葡萄酒，比如澳大利亚和美国加利福尼亚州，具有较温和和成熟的单宁口感。

• 花色素 *Anthocyanins*

花色素决定了红葡萄酒的颜色，其主要存在于葡萄皮内层的柔软细胞中。花色素在浸渍阶段相较于单宁更容易提取。大部分红色品种的果汁颜色较淡，因此浸渍对于具有较好颜色的红葡萄的生产十分重要。也有一些葡萄例外，它们的果汁颜色为红色，被称为染色葡萄，如紫北塞（Alicante Bouschet）。

红葡萄酒和桃红葡萄酒的颜色完全取决于在发酵阶段如何从葡萄皮提取花色素。传统发酵酵母产生的酒精会从葡萄皮中提取花色素，厚的葡萄皮会比薄的葡萄皮产生更多的颜色物质。此外还可以通过热效应破坏细胞壁进行提取。

花色素是提供果实和花朵颜色的主要化合物之一，因此人们根据含有这些花色素的主要植物来给它们命名：锦葵色素（锦葵－紫色）、飞燕草色素（飞燕草－蓝色）、芍药色素（芍药－粉色）、矢车菊色素（矢车菊－蓝色）。葡萄酒的浸渍过程，不同花色素的比例发生变化，蓝颜色化合物的比例减少，因此随着葡萄酒的成熟，葡萄酒的颜色逐渐从紫红色变为橙红色。

整个多酚类化合物的化学反应非常复杂。年轻红葡萄酒的颜色主要为自身的花色素，而这些花色素不是特别稳定。随着葡萄酒的成熟，花色素与单宁结合形成更稳定的色素多聚体。同时花色素与其他酚类化合物之间及花色素与乙醛之间进一步发生反应。很多化学反应并没有被充分了解，但是人们现在意识到多酚的管理是酿造好葡萄酒的关键。

风味物质

Flavour components

糖、酸和多酚是葡萄中重要的化合物，它们代表了四种基础味觉中的三个：甜、酸和苦。如果糖、酸和多酚是葡萄中的所有物质，那么所有的葡萄酒会非常地相似和单调。实际上还有另一类物质可以表达每个品种和风格的个性风味，我们称之为风味物质。

风味物质是一类极其复杂和常见的物质。通常含量很低，为百万分之几、十亿分之几或甚至万亿分之几。它们构成了葡萄酒所谓的"一类香气"，赋予葡萄酒品种特性。

这些物质存在于葡萄皮内表面的细胞中，因此葡萄皮在酿造过程发挥了重要作用。这些香气物质与葡萄皮的密切关系激励许多酿酒师进行各种形式的浸皮实验，尤其是白葡萄，以期最大限度地提取香气物质。

所有这些组分的浓缩造就了优质葡萄酒。由于这些组分极为复杂，想通过化学分析来定义葡萄酒的质量变得不可取。比如拉图酒庄好年份酒与普通佐餐酒的简单分析其结果相同。它们之间的区别既不在于酒精度，也不在于总酸，更不在于任何一种基本成分，而在于组成葡萄酒风味的无数微小成分。这些物质包括复杂的酯类、高级醇、乙醛、萜烯醇和碳水化合物。有些芳香类物质以自身形式存在，有些作为前体物质存在，还有一些则不稳定，被转化为其他类型的气味化合物。

如果需要在化学水平进行葡萄酒的质量评估，则该评估将会包括几百种化合物的分析，整个工作非常昂贵且耗时很长。即使是新发明的"电子鼻"也不可能区分如此广泛的质量类型。训练有素的品尝师能够迅速且低成本地完成这项工作，同时可以享受葡萄酒带来的乐趣，毕竟这一点才是酿酒师的初衷。

蛋白质和胶体
Proteins & colloids

发酵阶段，蛋白质和氨基酸（蛋白质的基本结构单元）可以为酵母菌的生长提供氮源。甘油（丙三醇）的浓缩态是一种微甜的类似于糖浆的物质，部分来自葡萄汁部分来自于发酵，可以赋予成品酒柔滑的酒体。

所有这些物质通过相互作用影响复杂风味的形成，同时还会在葡萄酒的成熟过程产生大量新的化合物。

葡萄汁中最大的分子是蛋白质和胶体，它们对葡萄的健康具有重要意义。蛋白质由氨基酸构成，氨基酸是所有有机生命的基本结构元件。胶体的分子质量比葡萄糖类的简单物质大约 1 000 倍。胶体物质对酵母和消费者是有营养的，但有一个缺点，即在一段时间后会引起葡萄酒的不清澈甚至是沉淀，这个阶段可能是几周也可能是数月。

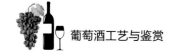
胶体具有非常复杂的分子结构，电镜下的分子呈现出由碳、氢、氧和氮原子组成的缠绕链。有些胶体十分稳定，不会改变它们的属性。另外一些不稳定的胶体会通过自身的分子重排来慢慢改变它们的特性（即变性），引起成品酒的沉淀。在传统工艺中，这一情况发生于木桶内的漫长成熟。现代葡萄酒工艺通过"下胶"去除不稳定的蛋白质，从而加速这一进程。

转色和成熟
Véraison & maturity

葡萄的成熟不仅仅是糖酸平衡的变化，还涉及许多其他过程，包括葡萄皮上多酚物质的变化。

葡萄成熟阶段的一个关键点为转色期——没有相应的英文单词。这是葡萄外观发生变化的一个时期：红葡萄品种的颜色开始在葡萄皮上显现，而此阶段的白葡萄外观更加透明，有时颜色会显黄色。这一时期葡萄的代谢发生变化，糖开始高速积累，并通过简单的稀释来降低酸的水平。

合适的采摘时间取决于糖与酸的最佳平衡，这种平衡也会根据所要酿造的风格而发生变化。在炎热的气候条件下，随着成熟度的增加，酸的浓度以惊人的水平下降，因此采摘可能稍早一些。而在凉爽的气候条件下，采收通常是尽可能地晚，从而使酸度降到可接受的水平。

下页图显示了酸度如何在 12 天内从 17 g/L 降到 8 g/L，而糖度在此期间从 103 g/L 上升到 137 g/L。此图也表明将葡萄留在葡萄树上到 8 月底之后几乎没有任何收益，因为主要的变化已经发生了。

然而正如我们已经了解到的，葡萄生理成熟并不是我们需要考虑的全部内容。当葡萄达到生理成熟后，不仅糖与酸的平衡必须合适，且多酚类物质必须成熟，种子必须从绿色变成了棕色。采摘太早会导致葡萄酒有一种青涩不成熟的口感。

如上所述，对成熟度科学的监控非常有用，但对成熟度最有效的检测是"直接品尝"，这也正是许多酿酒师在临近采收期每天都会做的工作。从葡萄园不同位置采摘的葡萄将代表整个葡萄园的成熟状况，一般会带皮品尝。当糖与酸平衡，单宁变得柔顺且种子变成棕色时，可以进行采摘了。

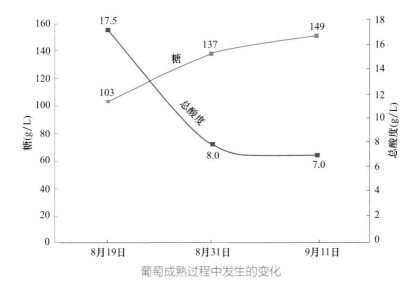

葡萄成熟过程中发生的变化

C 第4章 氧气的角色
hapter 4 The Role of Oxygen

Democracies must try to find ways to starve the terrorist and the hijackers of the oxygen of publicity on which they depend.

民主国家必须努力寻找方式来饿死恐怖分子和强盗，破坏他们赖以生存的氧气。

Margaret Thatcher, 1985

我们赖以生存的大气，也是我们所呼吸的空气，大约由 4/5 的氮气（N_2）、1/5 的氧气（O_2）和少量其他气体组成。氮气虽然对生命很重要，却是化学性质稳定的惰性物质。它需要在固氮菌的作用下通过豆科植物的根系转化为硝酸盐和其他氮源化合物，这些氮源化合物随后被植物利用来产生氨基酸，也就是有机生命的基本结构单元。这些氨基酸会进一步结合形成蛋白质，蛋白质对所有生命体非常重要，蛋白质这个名字来源于希腊语 *proteios*，意思是"居首位"。

氧气充当了完全不同的角色，且这个角色有些对立，因为氧气既支持生命又毁灭生命。在我们的启蒙教育里，氧气是生命物质。氧气可以用来生火；氧气可以使我们的身体代谢食物并释放能量。正如我们所知道的，没有氧气生命就不能存在。

然而氧气还有另一个面孔，氧气是参与降解和老化的主要元素。几百万年前，当生命第一次出现时，地球大气层的主要物质是硫化氢（H_2S，硫化氢对生命体具有高毒性），而氧气在那时并不讨好。细菌改变了大气层物质，因为是它们代谢产生了氧气。自原始生命在有氧大气层开始进化的整个过程，我们不得不保护自己免受氧气的副作用。

氧气极具破坏性，因此需要小心控制。早期生命有两个选择：退到海洋深处，在那里生命体可以避免氧气的干扰；或者学会将氧气作为能源从而保护自己。今天依然是这样的情况，厌氧生物生存在深海中，而我们和其他有氧系统生活在有氧气存在的环境中，但是却需要抗氧化剂的帮助。氧气不断与我们的分子结合并破坏这些分子。铁会生锈，我们会变老，水果会失去它们的风味，这些全都是氧化的结果。

传统酿造
Old-style winemaking

在科学体系建立之前，传统酿酒师极有可能没有意识到氧气的危害，也没有采取预防措施防止氧化。葡萄在有氧条件进行压榨，随后葡萄汁在转运到发酵罐的过程中也吸取了充足的氧气，最后在澄清过程葡萄酒会倒几次罐，每次倒罐都增加了与氧气接触的机会。整个过程葡萄汁和葡萄酒中的风味会逐渐减少，最终的成品酒会缺乏"果味"。

需要注意的是，许多经传统方式酿出的葡萄酒质量很好，甚至伟大。这是因为酿酒师已经意识到氧气的危害，采用了合理的措施降低氧化影响，而不是施行严格的厌氧酿造。

确实在某些时候有氧酿造完全合适，正如在雪莉酒和托卡伊葡萄酒的酿造过程中，一定程度的氧化对于葡萄酒的传统特性十分必要。但即使是有氧酿造，也必须控制氧化作用，因为通过氧化进行破坏的途径已经存在，尤其是当醋酸菌存在时。醋酸菌可以通过氧化作用将酒精转化为醋酸，反应式如下：

$$CH_3CH_2OH + O_2 \rightarrow CH_3COOH + H_2O$$
$$\text{乙醇} \qquad \text{氧气} \qquad \text{醋酸} \qquad \text{水}$$

这就是葡萄醋的酿造机理，醋酸是醋的主要成分。

厌氧酿造
Anaerobic winemaking

厌氧酿造的工艺起源于新世界国家，在这些国家葡萄酒工艺建立在比欧洲更科学的基础上。在澳大利亚，罗斯沃斯农学院和澳大利亚葡萄酒研究所做了很多工作。加州大学戴维斯分校也为现代葡萄酒酿造技术做了很多研究工作。

现代葡萄酒工艺为严格厌氧，这意味着没有氧气。所有过程都极

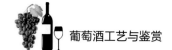

力避免氧气的侵入，因为氧气是葡萄酒果味的破坏者。避免氧化并不困难，仅仅需要好好约束整个酿造过程。

具有讽刺意味的是，通过这种方式在不锈钢酒厂酿造的葡萄酒虽然很干净纯粹，但有时却带有还原味。部分二氧化硫通过化学作用还原为硫化氢（H_2S），导致葡萄酒闻起来很糟糕。

抗氧化剂
Antioxidants

与氧气的抗争开始于葡萄园采摘的葡萄被一种抗氧化粉末覆盖的时候。这种物质是焦亚硫酸钾（不是偏亚硫酸氢盐），这种白色粉末在干燥的时候十分稳定，但是在潮湿的时候会释放出二氧化硫。因此在该阶段使用它十分有效，因为任何从浆果中释放出的汁液都会立即被保护起来不被氧化。

到达酒厂后，葡萄会被破碎，剩余的焦亚硫酸钾会溶解从而为所有葡萄汁提供抗氧化保护。

有时会用到另外一种抗氧化剂——抗坏血酸，也被称为维生素 C。非常有趣的是大部分的维生素都是抗氧化剂，保护我们的身体不受氧化的破坏。

关于二氧化硫和抗坏血酸的详细信息见第 15 章。

惰性气体
Inert gases

另一个必须采取的重要措施是压榨的葡萄汁避免与空气接触。将惰性气体如二氧化碳、氮气或者氩气充满发酵罐和管道，从而排出原有气体中的氧气。

在厌氧酿造多次使用惰性气体这个名词。实际上，这是对"惰性"这个单词的错误使用，因为惰性的意思是"缺乏反应活性"。对化学家而言，惰性气体包含氦气、氖气、氩气和氙气，而它们是真正不反应的气体，需要很多极端条件才能使它们与其他物质发生反应。

酿酒师使用的惰性气体通常是氮气和二氧化碳。在这个背景下，

"惰性"这个单词的意思接近于"无害的"或指的是可以用来避免空气接触到葡萄酒的物质。

每次将葡萄酒从一个桶转移到另一个桶或进行任何处理，都必须小心进行避免氧气的溶解。溶解在葡萄酒中的氧气实际上自身反应非常慢，需要在催化剂的帮助下才能加快氧化反应。不幸的是，大量的天然催化剂以氧化酶的形式存在并为氧化作用提供帮助。其他以金属离子形式存在的氧化剂也能够增加氧化速度。最糟糕的催化剂是铜，因此现代酒厂中禁止使用任何铜或青铜设备。

• 二氧化碳 *Carbon dioxide*

二氧化碳比空气重，它的使用非常流行，因为既便宜且易于使用。如果在容器的底部充气，二氧化碳会取代所有空气。这是向发酵罐加入葡萄醪或葡萄酒之前去除罐内氧气的有效方法。一个经常使用的简单技术是向罐底部的葡萄酒加入"干冰"（固体二氧化碳）。葡萄酒会暖化干冰，从而释放大量二氧化碳气体，从而将空气挤出罐顶部。由于二氧化碳密度大，只需使用同等罐体积的气体来去除所有空气。

空气中仅 5% 的二氧化碳就能导致人失去意识并死亡。二氧化碳透明且比空气重，有些人在进入空罐洗罐时死去，最终人们发现是二氧化碳在作祟。

然而，二氧化碳的使用的确存在一些问题。二氧化碳可以溶解在葡萄酒中，且温度越低溶解度越大。因此，我们在除去氧气的同时给葡萄酒带来了令人不快的针刺感。对人类而言，更糟糕的是它无色透明比较危险。由窒息导致的死亡非常迅速，且对于罐外的观察者而言死因并不明显。在英国，正如许多其他国家一样，进入密闭空间的法律十分严格：只有当检测罐内的空气是安全的时候才能进入空罐，同时另一个人必须待在罐外以免发生意外。

从积极的一面看，二氧化碳是许多葡萄酒的重要组分，尤其是白葡萄酒和桃红葡萄酒。合适水平的二氧化碳（通常大约在 800 mg/L）会使葡萄酒在口腔中更富生命力。如果含量太高，葡萄酒会变得"有刺痛感"，而含量太低，葡萄酒会让人感觉平淡无生机。许多生产者会在

装瓶前通过置换二氧化碳和氮气的混合物来调节葡萄酒中的二氧化碳含量。

- 氮气 *Nitrogen*

另一个被经常使用的气体是氮气，它的属性与二氧化碳不同，其中一点是它的密度与空气大致相同。这对于冲洗罐来说是个缺点，因此需要 3 倍罐体积的氮气来完全排除氧气。另一方面，氮气几乎不溶于葡萄酒，所以不会在葡萄酒中产生"刺痛感"。相反地，氮气有时会在葡萄酒表面出现细小泡沫，从而给玻璃制品的外观带来不良影响。

相较于二氧化碳，氮气具有更少的毒性。由于具有与空气相同的密度，它不会在低洼的位置存积，易于扩散。毕竟我们赖以生存的大气层中大约 80% 是氮气。

使用惰性气体控制氧气的有效顺序是：

1. 向空罐内充入二氧化碳从而排除所有空气。

2. 倒罐时，充氮气以排除管道中的氧气。也可用氮气将残留在管道中的葡萄酒顶走。（允许从罐顶添加二氧化碳去除空气，但请注意上述二氧化碳的使用风险）

倒罐时，允许使用氮气充气满罐，避免空气的进入。

储酒过程如果使用大量氮气，会使葡萄酒溶解的二氧化碳损失，最终形成平淡的口感。可以通过使用氮气和二氧化碳的混合气体来避免这些问题。

- 氩气 *Argon*

对于不喜欢二氧化碳高溶解性和氮气微气泡特性的人来说，还有另外一种可行的气体是氩气，只不过氩气很贵。

氩气的优势是密度与二氧化碳相似，因此在从罐内排除空气时比氮气效率高。氩气也可通过置换去除葡萄酒中的可溶性氧，但要小心这一操作也容易从葡萄酒中去除风味物质。除了价格贵，食品级氩气也不太好找。

可溶解氧

Dissolved oxygen

氧气具有双重特性：在合适时间合适的地点，有利于葡萄酒的发展；但如果不加控制会导致葡萄酒的破败。所有养鱼人都知道，氧气易溶于水。葡萄酒至少含有 85% 的水，在允许葡萄酒与空气接触的情况下，氧气溶解在葡萄酒中并不意外。可以抵抗葡萄酒被破坏的是二氧化硫，但溶解在葡萄酒中每个分子氧可以破坏 4 倍于它的分子质量的二氧化硫，正如它们的相对分子质量所示：

$$2SO_2 + O_2 \rightarrow 2SO_3$$
$$128 \qquad 32$$

可溶解氧（DO）最终会被二氧化硫破坏，但这并不会立即发生。研究表明在相互作用前，可溶解氧会与二氧化硫共同存在于葡萄酒中。在这段时间，每个可溶解氧都会威胁葡萄酒的质量，因为只需要一小步就可以破坏葡萄酒。唯一可避免氧化的安全方式是通过使用惰性气体并且保持满罐密封来避免空气接触葡萄酒。

有意思的是，人们已经忽视了控制可溶解氧的重要性，即便是在过去几年。很多酿酒师仍没有意识到这一质量控制的重要性，部分原因可能是上一代酿酒师没有得到这方面的训练，因此忽视测定可溶解氧了。如果操作者错误的取样以及测量方式可能带来的陷阱，通过使用现代仪器可以得到精确的测量结果。大气中含有 20% 的氧气，因此要想使测量结果具有意义，所有的测量必须在厌氧条件下进行。葡萄酒的每次处理都必须测量其中的可溶解氧。如果可溶解氧增加，必须采取措施查明增加的原因并改善操作程序。

置换

Sparging

置换是使用惰性气体的最新改进方式，即通过注射细小的气泡进入液体中从而去除可溶解氧。随着气泡进入液体，液体和气体中的挥发性物质会发生复杂的交换作用。如果使用氮气作为置换气体，所有溶解在

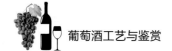

葡萄酒中的氧气通过氮气气泡从而被去除掉。

不幸的是，氮气也会去除葡萄酒中的二氧化碳从而使葡萄酒尝起来平淡。不同比例的二氧化碳和氮气混合物可用于置换工艺从而控制葡萄酒中二氧化碳的浓度。置换气体中高比例的二氧化碳会增加其在葡萄酒中的含量，而低比例的二氧化碳会降低其在葡萄酒中的含量。

正如其他葡萄酒的操作一样，置换的危险是容易被过度使用。去除可溶解氧是有利的，但我们必须记住置换不会只去除氧气。置换操作会去除所有挥发性物质，而风味物质极具挥发性。因此必须小心使用置换过程来控制可溶解氧水平。

氧气的积极作用
The positive role of oxygen

随着现代厌氧酿酒技术的应用，我们倾向于认为氧气是所有有益成分的极大破坏者，但这种观点并不正确。氧气不完全是破坏性的，它在酿造过程的几个阶段发挥着重要作用：

1. 有时在澄清过程会通过短暂氧化葡萄醪来去除那些更脆弱的成分，从而使葡萄酒终产品具有更长的生命周期，这个过程被称为超氧化。

2. 在发酵启动前最好让葡萄醪处于氧饱和状态，因为这会使酵母菌迅速启动。当酵母菌处于氧气充足的环境中它们会繁殖得更快，因此可以迅速繁殖出大量的菌群快速启动发酵（见第 7 章）。

3. 如果由于酵母菌群太低而使发酵缓慢下来的话，可以通过快速氧化使酵母菌获得新生。通过泵循环发酵汁可以轻松解决这个问题。

4. 当储存在木桶时，紧实的葡萄酒会变得丝滑柔软，这是因为氧气渗透入木桶氧化了木桶中强硬的多酚类物质。有时可通过给发酵罐中的葡萄酒添加氧气而不是将葡萄酒放入木桶的方式来实现这一过程。该过程被称为微氧化。

5. 人们已经意识到在装瓶后的厌氧成熟葡萄酒需要少量的氧气来避免还原味。还原味是由于二氧化硫在缺氧情况下被还原为硫化氢，当使用螺旋帽提供完美密封时会出现这一情况。

6. 通过厌氧技术酿造的葡萄酒非常清爽和新鲜，富有清新的果味，但是太完美的葡萄酒会有单调的风险。这是酿酒师正在发挥作用的又一领域，酿酒师需要知道如何使用其他方式来添加葡萄酒的个性，避免葡萄酒尝起来像是一个工厂的批量产品。有控制的微氧化无疑会增加葡萄酒的复杂性和个性。

C 第5章 葡萄醪的生产
hapter 5 Producing the Must

葡萄破碎后的产物称为"醪"（must），来源于拉丁语 mustum，意思是新的或新鲜的。有点讽刺意味的是，英语中有一个更广泛使用的单词"发霉的"（musty），意思刚好与 must 相反。需要注意的是，醪并不仅仅指的是葡萄汁，在红葡萄酒的酿造中，醪是葡萄汁加葡萄皮。

在引入科学的葡萄酒酿造工艺之前，人们会在葡萄尝起来比较甜且饱满时进行采收，采收后立即用脚踩进行破碎。正如波特酒的生产，有时人们会用赤裸的脚踩踏进行破碎，这种方式证明非常理想，有力而柔和。在其他地区如西班牙郝雷斯，人们会穿上专用的靴子，靴底伸出许多钉子，从而避免因踩碎葡萄籽而释放出苦涩的成分。现在这些古老的工艺还没有完全消失，但更多地用于市场推广而不是实际操作。

一般通过传统的筐式压榨机压榨，因为这是当时唯一可用的方法，但会出现很多问题。这种冗长而缓慢的操作几乎没有意义，反而需要大量时间和劳动力。这种方式对于拥有小型葡萄园的家族而言依然不错，因为可以生产足够的葡萄酒过上不错的生活。

随着产量的增加及来自会计师和科学家的影响，形势开始发生变化。机器设备的发展意味着更好更快地破碎和压榨操作，而且还引入了新的工艺如浮选和超氧化。现代酿酒师拥有庞大的技术库来挑选所需技术，从而有更大可能性酿出比以往更好更便宜的葡萄酒。

然而一直遵循着一个原则，即所有过程都应柔和处理葡萄皮。葡萄皮受到的磨损越多，葡萄汁会越苦涩。因为表皮细胞含有多酚物质，如果细胞遭到破坏，这些物质会释放到葡萄汁中。

葡萄的采收
Harvesting the grapes

随着采收时间的临近，人们不得不作出如何采收的重要决定。这是一个比较简单的决定，因为只有两个选择：人工采收或者机器采收。需要考虑的因素包括质量、速度、成本和可行性。

• 人工采收 *Picking by hand*

如果要采收最优质的葡萄，就需要进行人工采收。优质甜葡萄酒如苏玳白葡萄甜酒、托卡伊阿斯祖或者德国粒选葡萄酒都依赖于人工选摘单个贵腐葡萄。当葡萄在灰霉菌作用下逐渐干瘪至最佳状态时，人们不得不多次穿梭于葡萄园一粒粒采摘所需要的葡萄。葡萄的筛选可以在葡萄园进行，也可以在酒庄进行。在酒庄的筛选平台上可以根据质量对采收来的葡萄进行分类。

在巴斯利卡塔（意大利南部地区）人工采摘阿列尼葡萄

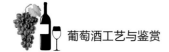

如果需要整串葡萄进行二氧化碳浸渍发酵或需要葡萄梗以增加单宁，也需要进行人工采收。

还有一个需要考虑的因素是葡萄园的布局。比如在很多古老的葡萄园就不太可能进行机器操作：葡萄树可能随机种植，行距比较小，葡萄可能长在不同的高度或者隐藏在叶幕中。

传统人工采收的缺点是时间较长，且需要很多采收人员——成本高，可能会是机器采收成本的十几倍。

- 机器采收 *Machine harvesting*

随着生产规模的增加，机器采收应运而生。机器采收最大的优点是速度快，可以保证快速采摘处于最佳成熟期的葡萄。

塔希克酒庄的机器采收

如果使用机器采收，酿酒师可以选择准确的采收时间，而不用将采收安排好几天进行，因为在这几天有可能会下雨或者葡萄因光照过多而错过最佳成熟期。

使用机器还有一个极大的优点是可以进行夜间采收。这对于炎热气候下的采收特别有帮助，因为夜间采收可以保证葡萄在最低温时采摘，从而减少葡萄氧化和发酵前葡萄汁降温所需的成本。夜间采收几乎成为炎热天气和大葡萄园的采收标准，在澳大利亚和美国加利福尼亚州便是如此，因为采摘的葡萄通常需要运输到数百英里外的酒厂。

　　然而使用机器采收也有局限性，这些设备只能在使用专门架型的葡萄园和相对平坦的地块工作。尽管如此，至少夏布利特级园的一个著名生产商喜欢使用机器采收超过人工采收，因为可以通过机器将采收时间优化到最佳日期。

待采收的葡萄

机器采收，果梗留在藤上

　　采收机通过晃动葡萄树使葡萄脱落然后进行收集，最终将果梗留在葡萄树上。这种采摘方式会撕裂果皮使部分果肉暴露在空气中，因此防止葡萄氧化十分重要。机器采收之后不做分选，因为果梗都保留在藤上。这种方式采收的葡萄不能做二氧化碳浸渍工艺，因为二氧化碳浸渍法需要整串的没有受到任何损坏的葡萄。

　　前面已提到，机器采收应用广泛且越来越流行，因为快速方便的优点超过它的缺点。尽管某些列级酒庄庄主对在波尔多地区使用机器采

采收机的内部，图中显示了振动筛和葡萄传送带

收持否定态度，实际上已经有 700 多台采收机用于列级酒庄的生产操作。与许多其他技术一样，高质量的获取不是来源于技术本身，而是它的使用方式。

过去几年里人们极大地改进了采收机。弯曲的塑料筛替代有缺陷的金属筛来摇晃葡萄树，因为塑料筛更柔和，破坏力更小。升级版的除梗设备也被安装在每个葡萄料斗上方，从而将葡萄与所有叶片和枝条分离。酿酒师们将这些物质称为 MOG（material other than grapes，葡萄以外的材料）。毫无疑问，机器采收将在未来大受欢迎。

运输到酒厂
Transport to the winery

整串葡萄在刚被采收时相对稳定，处理之前可以保存一段时间。但采收过程经常会损坏葡萄使其流出部分汁液，这部分葡萄汁不稳定，极易被空气中的氧气氧化，尤其当氧化酶比较活跃时。传统酿酒工艺通常会尽快压榨，因此酒庄会建在葡萄园的中间。即使在这种情况下，人们仍需要采取预防措施避免氧化带来的质量损失。我们常见的预防措施会通过给葡萄撒上焦亚硫酸钾来抑制氧化酶，从而减缓氧化速度。

在大规模生产条件下，人们不得不将葡萄远距离运输到酒厂。如果需要做厌氧酿造（如现代果味葡萄酒的酿造），人们为此已经精心设计了相应的运输方式。因为通过机器采收得到的葡萄已被除梗，所以是以单粒葡萄的形式存在，这就必须使用密封的罐车而不是敞篷拖车。

葡萄被装入拖车上的
罐体中。图中的白箱
子装有干冰

在二氧化碳保护下，
葡萄被卸到酒厂的接
收料斗中

　　在将葡萄装入罐车时可以在葡萄上方覆盖一层二氧化碳气体，从而
轻松实现厌氧操作。而在将葡萄卸到酒厂接收料斗时同样可以采用这种
操作。

分选
Sorting

　　最好的葡萄酒酿自最好的葡萄。正因如此，真正有质量意识的酿酒
师需要将优质葡萄与普通葡萄分开。这点可以通过分选平台实现——将
葡萄放在传送带上，经过培训的分选员站在传送带旁边，从而将最好的
葡萄选出用于酿造特级葡萄酒，质量稍微差的葡萄被选出酿造级别低的

葡萄酒或有可能被完全扔掉。

葡萄正在经过
分选以酿造托
卡伊葡萄酒

除梗
De-stemming

又到了做决定的时候：将果粒与果梗分开，还是保持整串葡萄的完整性？做这个决定主要需要考虑对单宁的控制，而操作的难易程度是次要因素。

葡萄梗富含单宁，因此可以通过带梗浸渍提高单宁水平。如果葡萄含有充足的单宁，我们可以利用除梗机去除所有或部分果梗。然而，除梗会使随后的压榨有些难度，因为压榨时果梗可以做为排汁通道。有时人们为提高出汁率，首先进行全部除梗，然后将葡萄和果梗交替放在压榨机的不同层，以此增加出汁率。

除梗设备容易设计和操作。该设备由可旋转的带孔圆筒构成，桶内带有对转桨叶。葡萄穗进入圆筒后，浆叶强烈撞击果穗，浆果脱落，最后通过孔洞掉出，而果梗留在圆筒中。浆果掉在传送带上，然后运输到酿酒车间，而果梗在圆筒末端被收集起来。

除掉的果梗有时经过晒干，随后作为燃料焚烧掉。而更具生态意识的酿酒师发现果梗含有大量糖分，所以可以进行下一步处理。将果梗切碎并浸泡在水里提取糖分，然后进行发酵用于酿造酒精制品。该酒精制品再经蒸馏可以成为高品质植物性烈酒，可以用于食品强化。（来源于矿物质的酒精，比如直接从石油转化的酒精，不允许用于食品。）

带转动叶片的
传统除梗机

葡萄破碎

Crushing the grapes

另一个需要决策的是，需要破碎葡萄还是保留完整的葡萄直接压榨或是直接进行发酵。

值得一提的是，破碎和压榨是非常不同的过程，两者目的不同。破碎是要破开葡萄允许自流汁流出。压榨却是从靠近葡萄皮的紧实细胞中提取出剩余的葡萄汁，该葡萄汁只能通过压力破坏细胞后才能流出。

关于破碎葡萄的浪漫图片是一群人光着腿在一桶葡萄中跳舞。虽然这种技术有时仍然用于波特酒的生产，如今机械方法常用于增加破碎的速度。破碎机虽然看似简单，却在设计上结合了大量经验。破碎过程一定要小心进行，因为破碎的目的是释放出自流汁，从而减少葡萄的固体成分，为发酵和浸渍提供合适的条件，同时还要避免破坏葡萄籽。葡萄皮一定不能从果肉上撕掉，因为这会影响果皮细胞中香气物质的提取。如果有果梗存在，一定不能将果梗撕开，因为会释放出很多苦涩单宁。出于这些原因，破碎机的滚筒部分一定要细心设计，确保两个滚筒之间有 3 mm 可调距离。

破碎机的两个滚筒不会接触，仅是将葡萄皮撕开

葡萄果实中大部分细胞比较大且容易破碎，因此自流汁从这些细胞流出。自流汁具有很高的品质，单宁含量最低，因为在破碎过程只会破坏极少的果皮细胞。

果胶酶是一项用于释放更多果肉汁液的新技术。果胶酶可以破坏果肉凝胶状的果胶，从而利于黏块释放出更多的葡萄汁。然而，有些酿酒师不会在破碎阶段使用这些果胶酶，他们认为果胶酶会降低葡萄的品种香气。

排汁
Draining the juice

分出自流汁的方式对于白葡萄酒的酿造十分重要，因为它会影响葡

萄酒的质量。好的排汁秘诀是减少对葡萄皮的干扰从而避免提取苦涩的多酚物质。在小酒厂酿造白葡萄酒时破碎的葡萄会直接进行压榨，但是在大酒厂很有必要使用柔和的排汁设备处理大批量破碎后的葡萄。最好的方法是使用静态排汁机，因为葡萄汁会在葡萄皮的重量下轻轻渗出，丝毫不会干扰到葡萄皮。然而该方法对于大规模生产的酒厂是个问题，因为排汁过程比其他阶段慢很多。

引入动态机械排汁机使酒厂的操作变得简单。动态排汁机由底部带孔的卧式罐和罐内的阿基米德螺旋泵组成。螺旋泵每两三分钟会稳步推动葡萄通过该设备，从而使它们能在移动过程排汁。动态排汁机克服了静态排汁机的速度问题，但设备对葡萄皮的作用使多酚物质大量释放出来。

在葡萄酒的生产实践中，自流汁的产量通常每吨葡萄 400~500 L。

浆果的压榨
Pressing the berries

酿造白葡萄酒时葡萄一旦破碎会被立即压榨，因为需要释放葡萄皮内层较小较坚韧细胞残留的葡萄汁。与此同时还会释放出更多的多酚和香气物质。

压榨汁的质量通常与所使用的压力成反比。在最小压力下优先压榨出的汁液虽然含有较高的多酚但有着很好的质量。酿酒师可以用这部分汁液进行最终的调酒从而实现最佳的平衡。随着压榨压力的增加，葡萄汁的质量逐渐降低，最后一部分汁液仅能用于酿造葡萄醋或者用于蒸馏。压力越大，就能破坏越多的表皮细胞，令人不愉快的苦单宁的浓度越大。因此，好的压榨标准是使用最小的压力来获取所需要提取的葡萄汁。

对于红葡萄酒的酿造，压榨是在发酵后进行，但红白葡萄酒的压榨原则是相同的。

- 筐式压榨　*The basket press*
  筐式压榨是第一代机械化的压榨方式，也被称为垂直螺杆压榨，这种方式使用了近 1 000 年。筐式压榨操作方式很简单，通过旋紧压榨的

盖子来给葡萄皮增加压力，胞内成分经破碎后流出。该操作的最大缺点是不能快速进行。如果增压太快会导致机器损坏。

问题在于葡萄果肉固体部分的物理属性，因为固体部分凝胶状且比较黏稠，葡萄汁只能缓慢从中渗出。更糟糕的是，葡萄汁慢慢从筐的木板之间流出，再流进筐边缘的槽子，从那里流进桶中，出汁全程都会使葡萄汁溶解空气中的氧气。每次压榨结束后，必须松开压榨机，使用铲子清理出皮渣，然后再填充好下批需要压榨的葡萄，整个过程十分耗费劳动力。

带有液压控制的现代筐式压榨机

尽管有着这些缺点，一些优质酒庄仍喜欢使用筐式压榨机胜过更现代的压榨机，因为静态的皮渣层可以充当很好的过滤装置，从而产生有着很好澄清度的葡萄汁。比如，柏图斯酒庄使用这种类型的压榨机。大部分用于酿造香槟的压榨机都基于筐式压榨，它们使用具有很大直径的浅筐来迅速从果皮中压榨出葡萄汁，从而减少从葡萄皮中提取出颜色。

• 卧式螺旋压榨机 *Horizontal screw press*

瓦斯林压榨机是典型的卧式螺旋压榨机，是卧式螺旋压榨机发展历程中的第一个阶段，是将筐式压榨机有效地旋转了90°，由板条做成的气缸两端各有一个活塞，在气缸的边上有进入口。气缸绕着横轴旋转，轴心是一个不锈钢螺丝，活塞通过螺纹绕在螺丝上。

　　该设计的巧妙之处在于螺丝分成了两部分：一部分是右旋螺纹，另一部分是左旋螺纹。因此如果螺丝固定不动，当压榨机旋转两个活塞互相靠近的时候，反向旋转就可以使活塞彼此远离。两个活塞之间连接了很多不锈钢链，每次压榨后不锈钢链会在活塞的牵引下变直从而使大部分果皮分散开。填料和清空十分简单，可以完全自动化甚至还可以自动将每次压榨出的葡萄汁运到不同的罐内，因此无论是在时间上还是劳力上都十分高效。

瓦斯林压榨机的内部构造，包括螺纹、链和活塞

　　完整的操作顺序是：

* 通过上入料孔填充葡萄，再关闭上入料孔。
* 整个压榨机包括螺纹都旋转起来，葡萄在机器内翻滚，最大限度地释放出自流汁。
* 随着旋转的继续进行，我们可以通过一个闸门停止螺纹的旋转，这个操作使得活塞向彼此靠近。
* 继续旋转直到到达所需要的压力。

- 进行反向旋转来分开活塞，链子会随之分散开大部分的果皮。
- 该压榨会重复进行几次，每次会使用更高一些的压力。
- 操作结束时，打开入料孔。当压榨机旋转到入料孔底部时，将皮渣清空，准备下一批葡萄入料。

一个大型雪莉酒生产商使用的瓦斯林压榨机

该压榨机的唯一缺点是旋转增加了葡萄皮的摩擦，最终榨出的汁相对较粗劣。且当果皮逐渐被压缩成气缸中间的一小块时，压榨机会采用更高的压力。而这会减少压榨机两个活塞之间部分有效工作面积。我们已经知道瓦斯林压榨机的压力到达 30 bar 的时候，相当于每平方厘米承受 30.6 kg 或者说每平方英寸承受 435 lb。

- **气囊压榨机 *Pneumatic press***

为了克服卧式螺旋压榨机设计中固有的问题，Willmes 公司开发了气囊压榨机，因此在较低的压力下可以实现较为有效的压榨。

对于气囊压榨机，两个活塞被一个圆柱形的气袋、气囊或香肠状的气袋所取代，它们会在压缩空气的填充下膨胀（或者甚至是冷水，如果需要降温的话）。随着袋子的膨胀，葡萄皮会被压为贴在整个板状气缸内表面的一个薄层，从而能在非常低的压力下榨出葡萄汁，比如 0.1 bar，压榨汁的质量非常好。

willmes 压榨机通过黑袋子的膨胀来压榨葡萄

所有这些压榨机的共同缺点是从空气中溶解氧的危险和破坏一些易碎成分的风险。

• 罐式压榨机　*Tank press*

罐式压榨机由气囊压榨机演化而来，所有的压榨发生在一个密闭的罐体中，罐体中可以预先充满氮气，压榨出的葡萄汁被直接泵出根本不会接触到空气。

在罐式压榨机中，橡胶袋被一个灵活的隔板取代，该隔板将气缸水平分为两部分。在填充葡萄的时候，隔板位于压榨机的底部。为了启动压榨，空气被泵入隔板下部空间，升起的隔板会将葡萄挤向气缸上半部分的收汁通道。如果要求厌氧操作，压榨机可以在填充葡萄之前充入惰性气体，泵出压榨机的葡萄汁可以进入一个已经填充了惰性气体的罐中。

罐式压榨机的
内部具有灵活
的收汁通道

上述所有压榨机的共同缺点是不能连续操作。每个过程都必须装葡萄、压榨、清空，这个过程冗长无趣，耗时耗力。对于大规模生产的酒厂他们需要的是可以连续工作的压榨机而不是常规压榨机。

- 连续螺旋压榨机 *Continuous screw press*

连续螺旋压榨机是为酿造大规模商业葡萄酒的酒厂开发设计。早期连续螺旋压榨机名声不好，因为这种压榨机可以将葡萄榨到极干，压榨出的劣质葡萄汁只适于蒸馏白兰地。

最初的连续螺旋压榨机由一个结实的钢管组成，该钢管全身打孔，同时有一个可以沿着管道推动葡萄的阿基米德螺旋，通过使用变距螺旋实现压榨。每次转圈会靠近压榨机的出口端，螺旋每圈之间的体积随着葡萄通过机器而逐渐变小，从而产生很大的压力，而压榨葡萄汁的质量无法控制。

然而，通过巧妙地改进有可能从压榨机的低压力区获取到满意的葡萄汁。在设计上做了简单的改进，在压榨机的下面加入一些调节槽，这些调节槽可以从管道的不同部分获取葡萄汁，每个部分的葡萄汁被输送到不同桶中。

连续螺旋压榨
机紧实的板框
内部结构

　　另一种连续螺旋压榨机使用了简单的等螺距阿基米德螺旋，从而将葡萄引入螺旋远端的腔体。整个螺旋会向前移动将皮渣压向腔体的末端。螺旋退回时仍保持旋转从而导入更多的皮渣，这些皮渣会在下一次螺旋运动时被压榨。这种机器的优点是可以通过调节螺旋的向前运动从而巧妙地调节压力。这两种改进版连续型压榨机常见于大型现代酒厂，这些酒厂可以酿造大批量具有商业标准的葡萄酒。

　　还有另外一种形式的压榨，是将葡萄填入带有常规阿基米德螺旋的压榨机，压榨机的远端是一个结实的封闭钢门，通过液压活塞可以控制钢门的关闭。调节液压活塞在钢门上施加压力，当管内的压力升至预定水平时，钢门开启。设定在低压值的压榨汁质量不错。

　　不少酿酒师使用连续压榨机生产葡萄醪用于进一步蒸馏成白兰地。在很多国家比如阿尔及利亚，原产地葡萄酒的酿造禁止使用连续压榨机。

葡萄醪的调整
Adjusting the Must

The real world is not easy to live in. It is rough; it is slippery. Without the most clear-eyed adjustments we fall and get crushed. A man must stay sober: not always, but most of the time.

在真实世界生活不容易。真实的生活艰苦而飘忽，如果没有最清晰的调整，我们会摔得粉身碎骨。人需要保持冷静，虽然不一定总是如此，但是最好大部分时间如此。

Clarence Shepard Day, 1874—1935

当葡萄生长季天气不是很完美时，酿酒师必须做出调整以使葡萄醪自然平衡。虽然有时现实让人失望，但大自然总有办法知道什么是最好的。我们可以调节自然产物，但只能在某个限度内调节——如果距离自然平衡越远，最终的成品酒会变得越糟糕。因此，在不好的年份当正常的糖与酸的平衡让人失望，非常小的调节可以做出一定的改善，但是较大的改变会使事情变得更加糟糕。添加过多的酸会导致葡萄酒变得十分尖锐；而大量添加糖只会稀释葡萄的天然果味。因此非常符合逻辑的是，葡萄酒酿造国家制定限制葡萄汁和葡萄酒调节的法规，虽然每个国家的法规各不相同。

法规规定唯一可以对自然平衡做的改变是添加糖以及添加或去除酸，而且必须是在法规明确指明的情况下在规定的限度内调整。

前人经验指出了十分有趣的原则，最好在发酵前对葡萄醪进行调整而不是对成品酒做调整。因为发酵过程可以帮助这些调整完成得更彻底，从而酿出更和谐的葡萄酒。

在此阶段，葡萄醪处于危险状态，有被氧气破坏和不同微生物寄生的风险。我们必须保护好这一营养丰富的葡萄醪直至发酵的那一刻。当发酵开始时，所有酿酒师都可以松一口气了，因为活性酵母和大量二氧化碳的产生可以极大地保护葡萄醪。发酵前通常借助二氧化硫保护葡萄醪。

为了执行欧洲关于葡萄生产和葡萄酒酿造的相关法规，欧盟根据气候的不同划定了不同葡萄酒生产区。A 区是最北地带，包括英格兰、威尔士和德国的大部分地区；B 区包括法国北部和德国最南端；欧洲其余地区属于 C 区。正如我们所设想的现代管理机构，三个简单的区域划分根本不足以支撑复杂的法规应用，因此每个区域被进一步逐层细分。此区域细分使得欧洲非常小的区域应用了不同的糖酸调节规范。

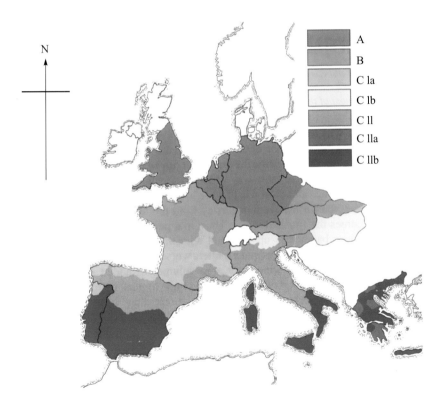

欧洲葡萄酒生产区

二氧化硫
Sulphur dioxide

在葡萄园第一次向葡萄添加二氧化硫的操作非常粗糙，但当葡萄转化为葡萄醪之后，化学家可以通过适当的分析将葡萄中二氧化硫含量调整至合适水平。

在这个阶段使用二氧化硫很重要，尤其对白葡萄酒和桃红葡萄酒的生产尤为重要，因为下一步是澄清，澄清需要两到三天完成。没有发酵的葡萄醪处于非常脆弱的状态：很容易遭受氧化和不成熟的发酵。二氧化硫可以保护葡萄醪免受这两种风险。

对于白葡萄酒的酿造，澄清阶段使用二氧化硫很普遍（除非已经使用了超氧化工艺）。二氧化硫可以保护葡萄醪不被氧化，可以杀死那些能够分解葡萄醪的细菌，使弱酵母无法发挥作用，为优质酵母提供良好发展的时机。

对于红葡萄酒的酿造，二氧化硫的作用有些不同。红葡萄醪包含葡萄皮，葡萄皮含有大量微生物，而二氧化硫并不能完全控制这些微生物。有些微生物活跃之后会产生乙醛，乙醛与二氧化硫结合成为亚硫酸氢盐，从而除去所有游离态的二氧化硫。更糟糕的是，二氧化硫也很容易与一些花色素结合。因此有人可能得出结论说，红葡萄酒的酿造使用二氧化硫并没有意义。

然而，很多酿酒师发现使用二氧化硫可以促进葡萄皮多酚物质的提取，只不过相关机理仍不清楚。尽管有些缺陷，此阶段的白葡萄醪和红葡萄醪都会加入二氧化硫。

在葡萄酒的酿造过程也可以不使用二氧化硫，但是所有操作必须极其小心防止氧气的侵入，因为没有添加二氧化硫的葡萄酒很容易被氧化。有趣的是有机葡萄酒的酿造（更准确地说是酿自有机种植葡萄的葡萄酒）允许使用二氧化硫。

澄清（白葡萄酒和桃红葡萄酒）
Clarification (white and pink wines)

新鲜压榨的葡萄醪含有大量固体物质，主要是葡萄皮的细胞碎片，如果不去除这些物质容易使葡萄酒产生不良风味。因此，澄清已经成为世界大多数酿酒产区的标准步骤。

然而，澄清度是酿酒师专业意见中非常重要的考虑因素。太热衷于澄清是有危险的，因为这些固体颗粒是酵母的营养物质，酵母可以从中吸收氨基酸、矿物质和维生素（请注意这种吸收指的是表面吸引，而不是像海绵一样将其分布在固态身体中）。完全去除这些颗粒会减少葡萄醪的营养价值甚至影响酵母不能启动发酵。了解葡萄和葡萄醪，知道它们富有多少营养并懂得什么程度的澄清是必要的，这些都是问题。

• 沉淀 *Settling*

沉淀是全世界都在使用的传统方法，具体操作是将葡萄醪静置12～24 h 或更长时间，通过静置固体物质会沉淀到罐底部。这个过程时间相对较长，而且此时期的葡萄醪没有任何保护。重力不是强作用力且这些颗粒不是很大，密度不是很高，因此沉降速度缓慢。在此阶段提供二氧化硫的保护很有必要，因为二氧化硫不仅可以充当抗氧化剂，还可以减少酵母和细菌的作用。出于相同的原因，人们通常将葡萄醪冷却至15℃以下，该温度会减缓细菌的活动和氧化作用。同时低温下葡萄酒更容易溶解氧气，该操作会帮助随后快速启动发酵。

• 离心 *Centrifuging*

离心机是一种旋转锥鼓的贵重仪器。借助非常高的转速从而在离心力作用下将固体和液体物质分开。离心是大型酒厂使用的现代方法，用来缩短澄清所需的时间，一般只需 1～2 h 就可以澄清一大罐葡萄醪。

离心可以用于葡萄酒工艺任何需要澄清的阶段，比如说在发酵前或发酵后去除酵母，或下胶后去除沉淀。然而，有些酿酒师认为离心是一种粗糙的手段，会破坏葡萄酒或葡萄醪，因此必须小心使用。

使用离心机最大的危险是随着葡萄酒在锥体的薄膜内旋转，液体会饱和空气中的氧。虽然在葡萄醪澄清阶段这可以算得上一个优点，但是在其他阶段，非常有必要在使用前向离心机内充入氮气以避免氧气的溶解。

离心对于大酒厂实现快速澄清十分有用

- 浮式离心 *Flotation*

　　浮式离心是另一种用于澄清的方法，这种方法在采矿业应用了数十年，主要用于将矿石颗粒与水分开。细小的氮气泡通过葡萄醪后变大，可以捕捉固体物质并将它们悬浮在表面，表面放置的旋转式吸水装置可以将这些固体颗粒挑选出来。如果鼓泡过程使用空气而不是氮气，则该方法可以同时用来澄清和超氧化。

超氧化

Hyperoxidation

　　众所周知，发酵后的葡萄酒如果想保持新鲜度和水果风味，必须保护其免受氧气破坏。然而关于对发酵前葡萄醪的氧化，大家的意见却并不相同。有些酿酒师认为被过度保护的葡萄醪酿成葡萄酒后更容易受到氧化作用的影响。相反，与氧气保持部分接触的葡萄醪却能酿出相对稳定的葡萄酒，这就是所谓的超氧化过程的基础。

超氧化是一种令人有些惊叹的技术，因为该技术会故意让葡萄醪在发酵前氧化，这一点是某些现代酿酒师十分杜绝的事情。在超氧化过程中氧化作用可以进行，因此会破坏那些葡萄汁中的脆弱成分，使酿出的成品酒面对氧气时更加稳定。

超氧化的操作是将葡萄汁导入一个底部有很多孔洞的专用罐中，空气经过孔洞会形成汽泡。一定不能添加二氧化硫，因为二氧化硫会阻止超氧化的进行。第一步是通过浮式离心澄清葡萄汁，葡萄汁中的固体成分会被挑选至液体顶部。

超氧化的第二步是将葡萄汁氧化，在此期间葡萄汁会变成黑咖啡的颜色，如果哪位酿酒师第一次看到这种葡萄汁一定会被吓坏。在此期间，葡萄酒的各种成分逐渐被氧化，首先氧化的是最脆弱的部分，随后是那些相对稳定的化合物。想运用好该技术需要知道什么时候停止氧化。超氧化不是第一次尝试酿造高稳定和果味葡萄酒就可以随便采用的工艺。太多的氧化会导致葡萄酒核心果味的损失。

令人吃惊的是，在发酵阶段葡萄醪的氧化会部分逆转，因此颜色会回归正常。该效应被称为还原，还原是一个与氧化意思相反的化学名词：氧化是添加氧，还原是去除氧。发酵是还原过程，可以逆转氧化作用，但是这种逆转并不彻底，因此最终只有葡萄汁中最脆弱的部分会被永久性破坏从而改进成品酒的稳定性。

应用该技术酿造的葡萄酒结果证明确实更稳定，并拥有更长的生命周期。南非的一个大型葡萄酒生产商自从采用了该技术，其酿造的桃红葡萄酒的寿命延长了 2 倍。

加酸
Acidification

在炎热天气下种植的葡萄，比如南欧、澳大利亚或美国加利福尼亚州可能缺乏酸度。这一点很容易通过添加酸来矫正，一般添加的是酒石酸，因为它是葡萄中的天然酸性物质。

柠檬酸是柑橘类水果常见的酸性物质，相对便宜且更容易获取，但是柠檬酸可以被某些酵母代谢并被转化为醋酸，最终导致挥发酸的增加。在欧洲，只有酒石酸被允许使用，而且调酸只允许在欧洲最热的地区使用，比如 CII 区和 CIII 区。在这些地区酒石酸的最大使用量只有1.5 g/L。

加酸操作很简单，首先是初步品尝和分析，然后计算需要添加的用量。称出所需的酸，并溶解在少量汁中，然后添加到汁液中并进行混匀。

众所周知，古老的雪莉酒的生产使用到石膏处理，主要是向葡萄醪或葡萄酒中添加硫酸钙（石膏）。该处理通过沉淀酒石酸钙将更多的酸性硫酸钾留在溶液中的方式来增加酸度。这种工艺实际已无人使用，因为简单的添加酒石酸的方式更为有效。

虽然发酵前已经将酸度调好，为了酿出更协调的葡萄酒，相关规定明确发酵前后都可以调节酸度，尽管成品酒的调节局限性更大。

降酸
Deacidification

欧洲很大一部分地区属于冷凉气候，通常缺乏阳光，因此即使成熟葡萄中的酸度依然很高。欧盟法规允许 CIIIb 区之外的其他任意地区可以降酸，因为 CIIIb 区是最热的地区通常需要更多的酸而不是更少的酸。虽然化学成分简单，酸的去除工艺却不像增酸那样直接。这是因为酸不能通过物理方式去除，而是必须通过葡萄醪本身的化学反应来中和。同时，这种高酸度并非由一种酸引起，而是由混合酸引起，其中主要的酸是酒石酸和苹果酸。

通过添加碳酸盐如碳酸钙（生石灰）或碳酸氢钾可以中和葡萄醪中的酸从而实现降酸或去除酸。该反应刚好与传统治疗消化不良的方式相同，通过饮用苏打水中的碳酸氢盐可以减少胃酸。

添加碳酸钙主要去除的是酒石酸，该反应的产物是酒石酸钙，会以酒石酸晶体的形式出现。然而，该晶体会引起酒石酸沉积在所酿造的葡萄酒中，因为酒石酸钙形成晶体的过程十分缓慢。而且酒石酸钙在所有温度下的溶解性几乎相同，因此即使通过冷处理也不能加速其形成。

很多酿酒师更喜欢使用碳酸氢钾，因为它不会引入钙离子从而避免去除酒石酸钙的麻烦。酒石酸氢钾的结晶过程相对容易，因为随着温度的降低其可溶性也大大降低。

　　然而这些程序仅能够以酒石酸盐的形式去除酒石酸。对于苹果酸的作用却很低，因为苹果酸相应的钙盐和钾盐可溶性很高，不会沉淀。冷凉地区生长的葡萄富含苹果酸，从而使该地区的葡萄酒具有特殊的尖锐口感。

　　有时会应用一种工艺是将部分葡萄酒转移到其他容器中，然后添加足够的碳酸盐来中和掉所有的酸。中和后的葡萄酒会与剩下的大部分酒调配起来。该技术可以成比例地降低酸度，因为它减少的是总酸而不仅仅是酒石酸。

- 复盐降酸 *Acidex*

　　另一种工艺是使用复盐降酸，该操作会使用一种专门制备的碳酸钙，其产品名称是 Acidex。然而，因为费用较高，该产品的使用只限于那些具有过多苹果酸的冷凉区如英格兰或德国的葡萄酒。

　　该产品含有少量酒石酸 – 苹果酸钙粉末，是一种复杂的复盐，可以通过形成不溶的酒石酸 – 苹果酸钙晶体的形式去除酒石酸和苹果酸。但是人们不可以直接使用该产品，因为它需要苹果酸和酒石酸在相近的浓度。在冷凉气候下，极有可能苹果酸比酒石酸要丰富得多。因此，为了去除苹果酸，我们不得不加入一些酒石酸从而最终实现整体酸度的降低。

富集

Enrichment

　　18 世纪最后 25 年里人们已开始向发酵前的葡萄醪添加各种形式的甜味物质，但那时的人们没有意识到葡萄醪质量的改善是由于酒精度的增加。

　　直到 1815 年，拿破仑一世战争结束时，甜菜糖的添加才被正式允许。Jean-Antoine Chaptal, Chanteloup 伯爵，曾经的内务大臣和参议院的财务主管，也是一位专业化学家，他表示甜菜糖可以用来充实葡萄酒。因此诞生了被称为加糖（chaptalisation）的工艺，以这种方式纪念这位极具天赋的人并不合适。虽然 Chaptal 的名字仍与这种工艺相关，但这

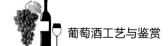

个名字逐渐被淡忘掉，尤其在法国。因为滥用加糖操作给法国葡萄酒带来了非常不好的名声。

富集工艺可能已经引起了比其他任何工艺更多的争议和借口。因此，在欧洲每个国家都通过法律严格调控富集化操作。意大利和西班牙不允许使用这一工艺，在法国不同地区的使用情况不同，在勃艮第每个地区也都不同。

在冷凉条件下，葡萄的天然糖分不足以转化为成品酒所需要的酒精。在这种情况下，发酵前人们会向葡萄醪中加糖从而提高成品酒的酒精度。但是多少酒精度是合适的？大家的观点普遍不同。有一个不争的事实：葡萄醪中添加的糖越多，根据简单的稀释原理，香气会减少得越多。另一方面，如果酒精度过低会影响葡萄酒的平衡。正确的富集水平是酿酒师不得不做出的重要决定。

欧洲法规允许在发酵前使用不同形式的糖。Chaptalisation 的意思是使用甜菜糖或甘蔗糖，它们都是由蔗糖组成，蔗糖也是 M Chaptal 所使用的糖。另一种来自于葡萄本身的糖正被越来越多的人使用，它由浓缩的、未发酵的葡萄汁组成。有时会使用未加工的形式，但更多的是纯化后的形式，一种无味的糖浆类的液体，几乎完全由葡萄糖和果糖（即葡萄中的天然糖分）组成。当使用该形式的糖分时，这个过程被称为富集而不是加糖。实际上富集与加糖没有什么不同，因为蔗糖总是会被葡萄醪中的酸转化为葡萄糖和果糖，然后才发酵成酒精。

有相当多的团体禁止使用蔗糖，他们的观点是葡萄酒应该完全酿自葡萄产品。这一观点无疑会帮助世界范围内过剩生产的葡萄使用。

然而，无论糖分来源于葡萄、甜菜或甘蔗，最终的结果都是相同的，争论主要发生在政治舞台。

一个不应忘记的事实是，富集过程对成品酒的甜度没有影响。所添加的糖都会被酵母发酵从而产生更多的酒精。

葡萄醪浓缩
Must concentration

作为增加葡萄醪糖度的一种替代方式，除了添加糖之外还可以选择去除水分。有 3 种主要方式可以去除水分，所有方式在使用前都必须与葡萄酒相关部门沟通，这种操作会根据年份质量进行严格控制。

这种工艺传达了有利信号，即不会存在非常糟糕的年份了。在不好的年份，有可能通过将糖浓度提高到一个合理所需的浓度水平，从而避免生产单薄、尖锐的葡萄酒。

这种工艺的问题是如果过度使用会导致葡萄酒缺乏个性，所有葡萄酒品尝起来会像旧时澳大利亚的西拉或者加利福尼亚州的增芳德。

对于下面将要描述的工艺，常见的方式是浓缩部分葡萄醪，然后将其加回未处理的那部分葡萄醪中。

• 减压蒸馏　*Vacuum distillation*

众所周知，在大气压强下水在 100℃沸腾。但是很少有人知道，如果压强减少水沸腾的温度也会降低，如果压强降到尽可能低的时候，水会在 25～30℃沸腾。

如果在 100℃煮葡萄醪，葡萄醪会迅速变成太妃糖，这其实就是制作太妃糖的工艺。在 30℃可以将水分蒸发从而对剩余葡萄醪的影响降到最低，这就是用来浓缩葡萄醪最传统的方式。但是这种方式有缺陷，比如蒸发掉一些香气。最新一代的葡萄醪锅炉加入了香气冷凝器，该设备可以收集香气，将它们浓缩然后加回到最终的浓缩葡萄醪中。

巴罗洛一家
酒庄所使用
的减压蒸馏

- 低温提取（低温浓缩）*Cryo-extraction (Cryo-concentration)*

另一个用于葡萄醪去除水分非常传统的技术是将葡萄醪冷却直至开始结冰。结成的固态晶体由冰组成，然后通过过滤去除这部分晶体，从而留下浓缩葡萄汁。这是一种非常简单的处理方式，因为它只需要一套制冷体系，并且不会造成香气化合物的损失。

- 反渗透 *Reverse osmosis*

渗透是我们体内一直都在进行的自然过程。我们所有细胞都被半渗透膜所围绕。这个膜允许水的通过，但阻止大分子物质的进出。大自然试图让一切都很平等，所以如果两种溶液被半透膜分隔开，水分会穿过半透膜从浓度低的一侧移动到浓度高的一侧。

反渗透是一种人为操作，通过在高浓度溶液一侧增加压力，迫使水反方向移动，因此会浓缩高浓度溶液而不是稀释它。这是一种非常好的浓缩葡萄醪的工艺，因为该过程类似于通过高压过滤掉水分，且不会损失香气成分。

该技术也用于去除酒精从而生产低醇或无醇葡萄酒和啤酒，也可用于海水的脱盐。对后者而言，海水在半透膜的高压端浓缩，而饮用水出现在低压一侧。

用于浓缩和去除酒精的反渗透设备

营养物质
Nutrients

酵母健康生长所必需的元素之一是氮元素。但不能像避免空气氧化葡萄酒那样直接充入氮气，只有铵态氮源才是酵母细胞形成氨基酸和蛋白质所必需的氮源。

大部分葡萄含有充足的铵基化合物，但如果缺乏此类化合物，会有产生硫化氢的危险，这主要是由于发酵过程强大的还原性。

解决氮源缺乏最简单的方式是添加大约 1 g/L 的铵基化合物，比如磷酸氢二铵或硫酸铵。

另一种营养添加剂是维生素硫胺素，所允许的添加量是 0.6 mg/L。硫胺素是酵母生长所必需的一种维生素。

其他处理
Other treatments

- 膨润土 *Bentonite*

在非常偶然的情况下膨润土被加入葡萄醪中，用于去除部分蛋白质从而减少葡萄醪的黏度，但是该处理必须小心进行以避免去除太多营养物质。在该阶段使用膨润土还有另一个好处，即可以部分去除一种强大的氧化酶——多酚氧化酶，从而保护葡萄醪免受氧化作用的侵害。

- 活性炭 *Activated charcoal*

如果用于酿造白葡萄酒的葡萄醪颜色变得很深，可以用高达 100 g/L 的活性炭进行处理从而减轻颜色。但是需要注意的是活性炭会去除香气成分。

- 单宁 *Tannin*

可以在发酵前对葡萄醪添加葡萄单宁，但是必须预防成品酒出现苦涩口感。

第7章 发 酵
Chapter 7 Fermentations

All love at first, like generous wine, Ferments and frets until 'tis fine'
初开的情窦，就像是葡萄酒，发酵时无比疯狂，无法停止。

Samuel Butler, 1692—1780

发酵过程具有多样性，若要酿出美味的葡萄酒，需要认真考虑从葡萄汁转变为葡萄酒的全程。无论是微生物或是酶，都可用生化反应来反映发酵情况。

工业化发酵可以生产如抗生素、维生素、味精、柠檬酸或丙酮等产品。对于酿酒师或葡萄酒消费者而言，更感兴趣的是酒精发酵。这是一个特殊的反应过程，酵母在多种酶的作用下分解糖分，最终产生酒精、二氧化碳和热量。

葡萄酒被广泛认可的定义是"新鲜葡萄经过发酵而成"。这个过程看似简单，却包含了一系列复杂的反应机制：

• 酿造葡萄酒离不开酒精发酵。即使无醇葡萄酒在前期也是经发酵而成，只是在后期去除了酒精（以及多数风味物质）。

• 只有葡萄酿出的酒才能叫葡萄酒。使用其他水果酿制出的酒称为"果酒"，并且需要在标签上明确标示水果名称。

• 葡萄必须新鲜［有时候对新鲜的定义也会更宽泛些，如阿玛罗尼（Amarone）甜酒或是梵圣托（Vin Santo）甜酒］。这个词最初可追溯到19世纪，根瘤蚜灾害后，人们进口葡萄干或浓缩葡萄汁来酿制葡萄酒。在英国使用进口浓缩汁酿制的葡萄酒不能称为"新鲜"，但使用英国或威尔士本土的葡萄酿制出的葡萄酒仍可用"新鲜"一词。

酵母
Yeasts

酒精发酵涉及一系列酶反应，酵母参与了酒精发酵。酵母是众多真菌家族中的一员，真菌家族中还包括蘑菇和伞菌。真菌与细菌一同参与分解有机质。

酵母种类繁多，可分为两大类：野生酵母和酿酒酵母。这种分类也会引起混淆，因为所有酵母都可称为"野生"，这些酵母基本是自然界与生俱来的。有些酵母适合酿酒，而这些酵母又可细分为"强"酵母或"弱"酵母。

酵母在分类学上属于真菌界的子囊菌门（Ascomycetes），或称为子囊菌，这类真菌具有棒状或卵形的子囊。大多数酿酒酵母属于酵母亚门，嗜糖，如最广为人知的啤酒用酵母。不同菌株应用也有所不同，如有的用于酿造葡萄酒，有的用于酿制啤酒，有的用于面包发酵。有些菌种如贝酵母可用于酿制特种葡萄酒，而膜酵母专门用于酿制雪莉酒。

其他属的酵母也会在葡萄发酵中出现，尤其是自然发酵。自然发酵常见的酵母有柠檬克勒克酵母（*Kloeckera apiculata*），这种酵母的细胞呈月牙形，不耐酒精，因此发酵过程会迅速灭亡。除这种酵母外，发酵过程发现还有类酵母（*Saccharomycodes*）、汉逊酵母（*Hansenula*）、假丝酵母（*Candida*）、毕赤酵母（*Pichia*）和球拟酵母（*Torulopsis*）。

目前已经有不少关于酵母对葡萄酒终产品风味影响作用的讨论。有些酿酒师坚持认为不同酵母的影响差异很小，但目前普遍认可的观点是酵母选择非常重要，尤其是用于年轻消费的葡萄酒。通过对发酵过程代谢产物的理化分析，也会发现不同酵母的代谢产物有所不同。这些产物包括一些简单的化合物如甘油、乙酸和一些复杂的产物如羰基化合物、含氮及硫的化合物、酚类、内酯和缩醛等。这些产物也会相互影响，因此不难理解微生物对葡萄酒终产品风味作用的影响。

人们认识到，有些特殊种类的酵母具有不良风味，如酒香酵母（*Brettanomyces*）会产生农场气味，因此不同物种和菌种会产生不同结果的假设不无道理，但是陈年会减少这种差异。

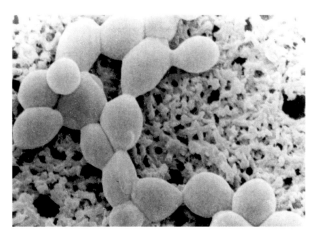

酿酒酵母"芽接"
过程中的细胞

　　不同酵母菌种对葡萄酒不同成分的忍耐能力也不同。酿酒酵母
（*S. cerevisiae*）耐酒精的能力最强，目前已知的能耐受高达 23% vol 的
酒精度，假丝酵母（*Candid* sp.）只能耐受 6%～9% vol 的酒精度，而汉
逊酵母（*Hansenula* sp.）在酒精度接近 4% vol 时就已经死亡。

　　同样的，不同菌株的抗二氧化硫能力也存在差异。幸运的是酿酒酵
母对二氧化硫有着很好的抗性。因此，发酵前添加少量二氧化硫会抑制
其他微生物，使酿酒酵母占据优势。

酵母作用
The action of yeasts

　　酵母适应性很广，既能在有氧条件下生存，也能在无氧条件下生
存。酵母在有氧条件下会快速繁殖，但不会产生酒精，这个过程酵母利
用糖来维持生存必须的能量，同时代谢产生水。这个过程表示如下：

　　　　　　　酵母 + 糖分 ——水 + 二氧化碳 + 热量

这个过程与其他好氧生存机理（如人类）十分相似。我们食用各种
食物，然后产生极少的营养代谢物，通过肺部呼吸排出二氧化碳。

　　酵母有氧代谢的一个优点，是从食物中获取能量并转化为基本物质二
氧化碳和水，二氧化碳可用于碳循环，并最终被植物利用形成更多的糖。

　　酵母有氧代谢的另一个优点是能快速繁殖。发酵前这点非常重要，

有氧条件下酵母快速增殖，可有效预防发酵中止。因此，有些情况下氧气是受欢迎的，如发酵前对葡萄醪通气。

如果对酵母不停供氧，则不会产生酒精。目前有一些酿造无醇葡萄酒的尝试，但都不受市场欢迎。因此，鼓励酵母转向无氧模式，虽然生理代谢效率不如有氧代谢高，但会产生一定比例的酒精而不是水。有氧模式转为无氧模式的过程非常自然，因为葡萄醪中的溶解氧被快速增殖的酵母消耗完，从而形成无氧环境。

酒精发酵过程可表示如下：

$$酵母 + 糖分 —— 酒精 + 二氧化碳 + 热量$$

可以推测酵母在这个过程并不开心，因为繁殖速度下降，代谢产物也会胁迫酵母。酒精发酵过程可用下述反应式表示：

$$C_6H_{12}O_6 —— 2C_2H_5OH + 2CO_2$$
$$葡萄糖 \qquad 乙醇 \qquad 二氧化碳$$
$$180 \qquad 92 \qquad 88$$

在这个反应式中，葡萄的糖分表示的是葡萄糖，但在数量上大致等同于葡萄糖和果糖的总和。葡萄糖与果糖有着相同的分子式，只是在分子组成结构上不同，两者为同分异构体。葡萄酒中的酒精确切地说是乙醇，尽管高级醇类化合物数量很小，但都影响着葡萄酒的香气和风味。简而言之，从上述反应式中看出，一分子的糖分可以产生两分子乙醇和两分子的二氧化碳。

发酵过程尽管还会发生其他反应，这些反应都会增加葡萄酒终产品的复杂性，但这个反应式非常有助于理解发酵的原理。

发酵过程中，物质的分子质量按照上述反应式发生转变。可以质量为单位，也可使用其他做单位，只要保证等式两边单位相同即可。在这个等式中，假设有 180 kg 的糖分，大致可以产生 92 kg 的酒精和 88 kg 的二氧化碳。也可以粗略地理解为，以质量为单位，糖分的一半转变为酒精，另一半转变为气态二氧化碳。产生的二氧化碳数量非常大，无色，比空气重，由于能轻易充满空罐，当浓度积聚到一定数量时会令人窒息死亡，因此非常危险。发酵时一个好的通风系统非常重要，不少旧车间会打开所有窗户进行通风。

虽然上述等式中所有化合物都以重量为单位，但酒精浓度通常以体积为单位。将酒精单位从重量转化为体积，计算时还涉及酒精的密度。酒精的密度比水低，每 1 mL 的重量为 0.789 7 g（1 mL 水的重量大约为 1 g，也即 1 g/mL）。前面已提到，1 L 葡萄汁中 17 g 糖产生 1 个酒精度（体积分数）。通过对糖分含量的分析，酿酒师能够计算出调整阶段需要添加的糖量。

例如，当酿酒师要酿制 12% vol 的葡萄酒，测得葡萄含糖量为 170 g/L，那调整阶段需添加多少糖？

- 已知 17 g/L 的糖能转化为 1% vol 的酒精度；
- 因此 170 g/L 的糖可以产生 10% vol 的酒精度；
- 要增加的酒精度为 12%-10% = 2% vol；
- 因此，每升葡萄汁要增加的糖分为 2 × 17=34 g；
- 对于 4 000 L 葡萄汁，需要添加的糖分为 4 000L × 34g/L=136 kg。

然而，上述数据是以简单的发酵反应为依据，只能作为近似指导，随着发酵条件的不同会略有差异。

自然发酵
Natural fermentation

自然发酵（或称为传统发酵），是指葡萄中的微生物发酵葡萄汁的过程，这些微生物存在于葡萄园和车间中。这些微生物包括本地的各种酵母和细菌。在那些有着几百年酿酒历史的地区，随着自然的选择微生物中保留了数量充足的优质酿酒酵母。

在发酵前期，添加的二氧化硫能够杀死大多数细菌，而数量最充足的酵母启动了发酵。当酒精度在 3% vol 左右时，一些酵母由于不能耐受酒精而死去。发酵由活性较强的酵母（大多数情况是酿酒酵母）完成，不同葡萄园甚至每一年的酵母都会有差别。由于自然发酵不可预知且不稳定，使用这种古老方式酿制出的葡萄酒的数量在减少。

然而，由于微生物的复杂混合，自然发酵增加了葡萄酒的特色和个性，这点意义非凡，使得人们重新对自然发酵产生兴趣。有时候人们也称之为"野生发酵"，因为这些微生物都自于野外。

优选酵母
Cultured yeasts

　　研究发现酵母对葡萄酒终产物的影响差异很大，而这些作用在成熟初期最为显著。酿酒师对优选酵母表现了极大的兴趣，因为可以通过选择一定的酵母菌种来增加酒的特性。那些非常注重品质的酿酒师在选择酵母时非常谨慎，通常会花数年时间试验来确定所选择的酵母。

　　人们从世界各地有着几百年酿酒历史的葡萄园中获取酵母样本，因为在这些葡萄园中非常有希望获取高品质的酵母菌株，最后繁殖培育出优选酵母。对微生物学家而言，将单株酵母从微生物中分离出来然后进行繁殖培养的工作非常简单。人们既可以销售活性干酵母，也能销售斜坡式琼脂中培养的活酵母，琼脂中的营养物维持了酵母的生长。活性干酵母的优点是保存期较长，且在新鲜葡萄汁中容易恢复活性。

　　优选酵母使用起来非常简单，不需要将整罐葡萄进行杀菌，因为只要一种酵母的数量占据优势即可发酵。数量最多的酵母获得胜利（虽然有可能用到"嗜杀性"酵母，这种酵母会产生有害物质杀死其他酵母菌株）。购买优选酵母后，需要活化酵母。将 100 mL 葡萄醪离心杀菌，加入酵母后进行保温，直到发酵活跃。然后将其倒入体积更大的葡萄醪中待其发酵。最后将发酵的葡萄醪加入发酵罐中，搅拌待其发酵。接种的酵母会遭受葡萄醪中其他酵母的竞争。

　　葡萄酒的一大乐趣是品种多样性，若葡萄酒变成标准化产品则是一大缺点。如"工业化"葡萄酒缺少个性，总是用于完美的一致性，却毫无风格可言。随着现代酿酒技术的发展，毫无疑问葡萄酒的风格将趋于相似。

　　富有独创性的酿酒师往往会使用自己葡萄园的酵母。首先借助生物学家的帮助分离培养出各种特有的酵母，然后将每种酵母进行发酵试验对比，看哪种酵母效果最好。从而获得那些可靠、综合有效的酵母。

温度控制
Control of temperature

　　酵母是活性微生物，跟人类一样会产生热量，温度低时活性降低。

酵母发酵会产生巨大热量，因此要想办法降温。发酵旺盛时从发酵罐辐射出的热量令人惊讶——由于暖和，无怪乎车间人员在休息时间喜欢集聚在那一块。另一方面，如果发酵温度太低，如北欧寒冷的秋天，发酵会非常缓慢，甚至停滞不前。

发酵温度是非常重要的影响因素。一方面温度影响了从葡萄皮萃取到的颜色和风味成分；另一方面影响着挥发性香气物质。发酵前期温度宜温暖，随着发酵的进行，低温更适宜。

每种葡萄酒都有最佳的发酵温度，以达到皮的浸提与香气的平衡。对于红葡萄酒，皮的浸提和香气都很重要，因此控温非常关键。然而，白葡萄酒发酵期间没有皮的萃取，因为是纯汁发酵，只需考虑温度对挥发性香气成分的影响。即使使用了浸皮技术，发酵期间葡萄皮已被去除。一般而言，对于白葡萄酒，为了保留更多香气，发酵温度会低于红葡萄酒的发酵温度。

在传统酿造车间，由于发酵罐和橡木桶的体积较小，散热表面积比例大，因此温度自然控制（顺其自然）。而在北欧，由于夏末非常短暂，秋天又冷，酿造车间温度更低，因此发酵时基本不需要降温处理。

当使用大型木罐或车间温暖干燥时，由于表面积比例小散热不充分，因此需要人工制冷。通常会在罐的外部设置控温带，冷却液在控温带内循环制冷，由恒温控制器实现自动制冷调节。

对于红葡萄酒，发酵温度一般在 20～32℃；对于白葡萄酒，发酵温度一般在 10～18℃。虽然如此，由于酿造工艺多样，酿酒师有时会不按常规控温。有些红葡萄酒控温超过 32℃。即便包装上注明酵母在低于 5℃时不能工作，但在博母威尼斯（Beaumes de Venise）一位杰出的酿酒师在酿造麝香葡萄酒时将温度控制在 0℃。

对于白葡萄酒，近些年流行低温发酵。人们发现低温有利于提升老式车间（尤其是温暖气候地区）葡萄酒的风味。通过对浅绿色白葡萄酒的大量品尝，人们发现低温发酵增加了菠萝和香蕉风味。这种风味来源于酯类，酯类在高温下会挥发损失掉，而低温保留了酯类物质。高温会损失部分香气，而超低温会呈现热带水果风味，因此要找到理想的平衡温度。非常有意思的是，阿尔萨斯一家以出产优质葡萄酒闻名的酒

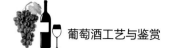

庄，将所有白葡萄酒的温度控制在 18℃以最大获取品种香气。

发酵监控
Monitoring the fermentation

发酵速率与发酵温度密切相关：温度越高，发酵速度越快。因此控制发酵速率的办法是控制发酵温度。在传统小型酒庄，只要保证环境温度不是过高或过低，其他的都不用处理。

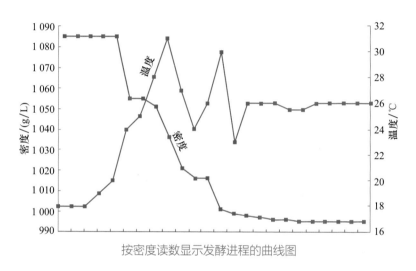

按密度读数显示发酵进程的曲线图

在现代车间，由于发酵控温实现自动化，使得生产更加容易。以目前的技术水平，即便是最大的罐也能保持温度的持续一致。当然，这需要安装大容量的制冷设备。由于不能满足这种制冷要求，限制了炎热地区酿制顶级葡萄酒。

通过测量发酵汁的比重可有效监控发酵情况，如上图所示。由于葡萄汁的比重比水高，酒精的比重比水低，因此比重的下降反映出葡萄汁转变为葡萄酒的状况。通过周期性地测量比重，可以绘制出发酵进程图。调整温度可用来控制发酵速度。上图反映了一个具有基本制冷设备车间的发酵温度图。多年的经验表明，当温度控制在设定的范围，最后不会有太大的起伏。

监控发酵的另一个方法是检测酵母数量。使用血细胞计或计数板和显微镜，这些比比重计贵，却是监控发酵非常科学的方法，因为发酵的实质是酵母的作用，因此酵母密度数量最重要。酵母密度数量影响着葡萄汁比重的变化。

终止发酵

Stopping the fermentation

当糖分快被消耗完时（尽管最干的干型葡萄酒仍含有约 2 g/L 的糖分），发酵趋于终止。传统上酿酒师会等待发酵自然终止，且葡萄酒本质上很稳定，此时葡萄酒没有可发酵糖，酵母营养物被消耗完，不会重启发酵。因此，不需要依赖现代灌装技术，只要防止葡萄酒不被氧化产生挥发酸即可。

普遍认为将糖分自然发干需要较长时间，而商业酒厂不能等待如此长的时间。科学方法的介入，提供了多种提前终止发酵的方法。

1. 增加二氧化碳压力

发酵期间会产生大量二氧化碳。如果发酵期间将阀门全部密闭，二氧化碳压力会增加。大约在 7 个大气压时酵母停止活动，因为产生的二氧化碳使酵母自身窒息。当压力降低时，酵母会再次发酵。因此，增加压力仅仅是一种短期停止发酵的方法。

2. 降低温度

就像大多数其他生物一样，随着温度降低，酵母活性降低，在大约 5℃ 时停止活动（上面提到的超耐寒酵母除外）。这也只是一种短期措施，随着温度回升，发酵重新启动。阿斯蒂葡萄酒就是使用这种方法来终止发酵的。

3. 杀死酵母

早期当二氧化硫的添加没有限制时，一些便宜的甜型葡萄酒通过添加量的二氧化硫以杀死酵母达到终止发酵的目的。随着对二氧化硫添加量的控制，不能再使用这种方法，因为大大超出法定添加量。杀死酵母另一种行之有效的方法是巴氏杀菌法，这种技术被广泛用于杀死牛奶中的微生物。在这个过程，待杀菌的液体在数秒内被加热到约 80℃，从而杀死所有酵母。

4. 去除酵母

终止发酵另一个简单的方法是使用离心法完全去除酵母。通过离心力作用，物理地将固体物质从液体中分离。同样的，这也仅仅是一种短期效果。当葡萄酒中存在少量酵母时，发酵重新启动。

5. 添加酒精或加烈

发酵过程可添加烈酒终止发酵，如波特酒和自然甜酒。添加酒精直到酵母不能忍受而死去。

上述这些方法都可以终止发酵，但只有加烈的方法能够生产出稳定的葡萄酒。其他方法生产出的葡萄酒都不稳定，当加入足量的酵母时，发酵重新启动。为了预防瓶内再发酵，这种葡萄酒需要采用现代技术灌装，也就是说避免任何微生物问题。

发酵中止

A "stuck" fermentation

当生产干型葡萄酒时，酿酒师担心的问题是，所有可发酵糖没被消耗完而发酵停止。当温度迅速降低或发酵过程缺乏酵母营养物如维生素或氨基酸时，都会引发这种问题。出现这种问题时，需要想办法使酵母重新活跃进行发酵。加热发酵罐或橡木桶常常效果不佳。

开放循环阶梯槽

有人考虑将葡萄汁泵入瀑布状槽子来增加一定的溶氧量，使酵母快速转入有氧发酵模式。添加酵母营养剂可以重新激活酵母活性。要使发酵彻底完成，一个可靠的办法是将停止发酵的葡萄汁缓慢混入另一发酵旺盛的罐中。

自然甜型葡萄酒
Naturally sweet wines

通常酵母会发酵葡萄醪直到将所有糖分消耗完，因此有人会问那些伟大的甜型酒如苏玳或托卡伊阿斯祖是如何酿制出来的。酿造自然甜型葡萄酒，一般在多种因素条件下使发酵速度变慢，再将葡萄酒制冷最后添加二氧化硫即可。

首先，在糖分含量较高时添加一定量的酒精，酵母细胞的渗透压力增加，从而使酵母疲软。当半渗透膜（如我们身体的每一个细胞）内外有两种溶液时，水分会从浓度低的一端穿过渗透膜到浓度高的一端，从而使膜内外浓度相等。因此，当外界浓度非常高时，酵母细胞因脱水而失活。

其次，随着发酵的进行营养物质不断被消耗掉，使得酵母生存越来越困难。

最后，如果葡萄之前受到灰霉菌（或称为贵腐菌、贵腐霉）感染，葡萄醪会含有抗真菌物质，从而抑制酒精发酵。

苹果酸－乳酸发酵
The malo-lactic fermentation

酵母发酵（称为酒精发酵或第一类发酵）结束后，葡萄酒并未就此结束发酵，因为通常另一种微生物会使发酵继续。

酒精发酵结束后会进行苹果酸－乳酸发酵，也被称为第二类发酵。（注意这个术语容易与因缺陷而在瓶内启动的发酵相混淆。后者被称为二次发酵或重启发酵，而不是第二类发酵。）

第二类发酵在过去被认为是酿造中的一大谜题。人们很早就发现，在第一类发酵结束后的一段时间，葡萄酒开始变得更柔顺且令人愉悦。不幸的是，由于人们不了解这种机理，因此很难去控制这种结果。尽管

巴斯德于 19 世纪发现是微生物的活动，但直到 20 世纪中叶波尔多的里贝－盖勇（Ribereau-Gayon）和勃艮第的费瑞（Ferre）共同发现原来是乳酸菌将苹果酸转变为乳酸的结果。

现在我们已经知道苹果酸－乳酸发酵是由乳酸菌将尖硬的苹果酸转变为柔顺的乳酸的过程。随着反应机理的建立人们可以对结果进行控制。基本反应如下：

$$HOOC.CHOH.CH_2.COOH \longrightarrow HOOC.CHOH.CH_3 + CO_2$$

　　　苹果酸　　　　　　　　　　乳酸　　　二氧化碳

反应产生的二氧化碳会释放到环境中，而装瓶的葡萄酒会在瓶内产生气泡，这就是起泡酒气泡的来源。目前有多种更便宜的产生气泡方法。

对红葡萄酒而言这是有利的，酸度降低，使得葡萄酒口感柔顺。大多数酿酒师确信他们的酒在灌装前完成了苹果酸－乳酸发酵。如果灌装时苹果酸－乳酸发酵仍未完成，一方面会出现不愉快的口感；另一方面由于溶解了二氧化碳气体，品尝时会有杀口感。

若要酿制酒体饱满柔顺的白葡萄酒（如霞多丽）常常会进行苹果酸－乳酸发酵（要有足够的酸来防止酒体"疲软"）。一些葡萄酒要表现出清爽感如长相思，因此通常不进行苹果酸－乳酸发酵。有些情况下当酸度非常高时，需要通过苹果酸－乳酸发酵来降解酸度达到可接受水平。当 pH 非常低时，由于乳酸菌对 pH 敏感，首先需要进行化学降酸，以满足乳酸菌的生长繁殖。

虽然乳酸菌种多样，但产生的结果相同：苹果酸被消耗掉产生了乳酸。这些菌种包括嗜酸乳杆菌（*Lactobacillus*），明串球菌（*Leuconostoc*）和球类菌（*Pediococcus*），它们自然存在于葡萄酒中且自动启动苹果酸－乳酸发酵。然而有必要的话，还是购买优选乳酸菌，简单的活化后既可以在酒精发酵阶段加入也可以在酒精发酵结束后加入。一种酒类酒球菌（*Oenococcus oeni*），可以在较高温度下快速繁殖且容易被二氧化硫杀死。因此控制第二类发酵很简单：如果有必要可添加优选乳酸菌，保持葡萄酒的温度，不添加二氧化硫即可。相反，若要预防苹果酸－乳酸发酵，添加一定量的二氧化硫并且制冷即可。

苹果酸－乳酸发酵的结果一般令人喜欢。一方面不仅降低了酸度，同时发酵代谢产生如乙二酰（黄油风味的来源）等风味物质，增加了葡萄酒的复杂性。另一方面由于消耗了细菌的营养物质，从而增加了葡萄酒的微生物稳定性。这点对红葡萄酒非常有效，当缺少二氧化硫保护时，葡萄酒的花青素互相结合，从而出现有色沉淀（如上所述）。

然而，由于乳酸菌会分解一些果味酯类，有时会损失部分果味。另外，黄油风味会主导一些葡萄酒。庆幸的是，现在我们可以控制苹果酸－乳酸发酵，尽管灌装后有些葡萄酒仍会有苹果酸－乳酸发酵的风险，但借助现代灌装技术可以避免这些问题。

第8章　红葡萄酒、桃红葡萄酒的酿造
Red & Pink Wine Production

Great fury, like great whisky, requires long fermentation.
狂怒，比如绝美的威士忌，需要长期发酵来平抚。

Truman Capote, 1924—1984

　　酒精发酵是酿造葡萄酒过程中的一部分。有经验的酿酒师会选择一定的程序来酿造自己风格的葡萄酒。酿酒师每一步都可以做出不同的选择，而这些选择影响着最后出产的葡萄酒——或普通或伟大。

　　如下逐步列出红葡萄酒的酿造程序：

- 除梗
- 破碎
- 加硫
- 调整糖和酸
- 升温
- 带皮浸渍
- 带皮发酵
- 后浸渍
- 分离
- 压榨
- 澄清

　　虽然葡萄是黑色的，但葡萄汁没有颜色。因此酿造红葡萄酒的基本目标是从葡萄皮获取颜色和风味。萃取过程通常是发酵和浸渍共同参与，有时也会加热使细胞结构变软，从而更容易释放多酚物质。值得注意的是，紫北塞（*Alicante Bouschet*）的葡萄汁颜色很深，酿制出的葡萄酒可用来增加其他浅色葡萄酒的颜色。

　　葡萄破碎时，皮上的酵母与葡萄汁混合从而启动发酵，产出的酒精可以浸提皮上的多酚物质。通过这种方法获取颜色和风味既简单又非常有效，但最大的问题是产生的大量二氧化碳将固体物质漂浮在液体表面。

此时酿酒师需要注意，如果不将漂浮的皮帽浸入汁液中，很快会有麻烦出现，因为皮帽上会滋生醋酸菌。温暖潮湿的发酵车间会使葡萄酒快速转变为醋。此外，漂浮的皮帽如果不与汁液充分接触，提取的颜色和风味物质会很少。

发酵容器
Fermentation vessels

随着酿酒知识的普及和车间的扩大，发酵容器的尺寸也在稳步增加。

红葡萄酒的发酵通常在立式发酵罐中进行，这种罐最开始使用木头制成，容积 5 000 L。在这个尺寸温度可以自动控制，这个表面积与体积的比有利于释放发酵产生的热量，尤其适合北欧的寒冷车间。大橡木罐备受欢迎，因为有利于酿制优质酒。

随着体积的增加，有必要使用其他材料来制作发酵罐，后来发展出水泥罐。即便是现在，这种罐仍被广泛应用，可以在内部铺设瓷砖或环

含不锈钢内衬的水泥槽。注意温度控制和酒石酸盐沉淀

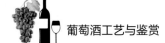

氧树脂。这些材料都不完美：瓷砖从墙面脱落后，会产生难看的凹坑并且很难杀菌；环氧树脂需要不停地重新粉刷。

但这种罐仍讨人喜欢，因为隔热稳定。有些酿酒师在罐内墙面切个裂口，然后贴着墙面焊制不锈钢罐，于是在罐内又创造了一个罐！

现代车间基本使用不锈钢发酵罐，即使不锈钢也并不完美。不锈钢厚度薄，热不稳定，温度起伏大。但不锈钢可以制成各种尺寸和形状，且容易清洗，能够在上面安装温度控制面板。

对于大型发酵罐，控温是个主要问题，因为发酵期间产生的热量非常大，需要想办法排除热量，否则温度容易失控。

对于红葡萄酒，现在可以购买到特制的发酵罐，如加基米德（Ganimede）罐。发酵时二氧化碳产生的压力将葡萄醪推入罐顶的一个隔间，当压力阀打开时，葡萄酒回涌到罐的主体区域，从而将皮帽淹没。

浸渍
Maceration

酿造红葡萄酒的一个要点是如何从葡萄皮上获取颜色和风味物质。首要的是小心处理皮从而获取想要的成分，避免葡萄酒变得苦涩，单宁太重，缺乏吸引力。过多的萃取会增加不愉悦的成分。因此浸渍过程需要技术和经验。

发酵前浸渍，或称为"冷浸渍"，可以从葡萄皮上浸渍更多的香气。这与生产芳香型白葡萄酒所谓的"浸皮"是一样的。这个过程，葡萄醪控温 4～15℃，一方面防止发酵的启动，同时葡萄皮细胞中的风味和香气成分可以破裂。这个过程对黑比诺尤为有效，因为黑比诺的皮很薄，香气非常重要，同时还要避免过度地浸渍多酚物质。

后浸渍用来萃取更多的多酚物质，加强葡萄酒的陈酿特性，这个过程必须小心处理，避免过度浸渍使得葡萄酒出现苦味。与前浸渍相反的是，后浸渍是在发酵末期自然产生的高温下的浸渍（由于隔热效果好，老式橡木罐或水泥罐比现代不锈钢罐更有优势）。在这个过程，除了提取更多的多酚，由于单宁与花色素的相互作用，颜色更加稳定，增加了葡萄酒的陈酿潜力。

传统方法
Traditional process

　　最原始且最简单的方法是用泵将破碎的葡萄和汁打入一个开口罐中让其自然发酵。当二氧化碳开始产生，气泡会从汁液中挣脱并向上移动，这样将葡萄固体部分带到上部，从而与液体部分分层。上面部分也就是法语所说的"帽"。这个情况比较危险，醋酸菌在高温有氧的环境下一晚上即可产生挥发酸，因此每天要多次地将皮帽压入汁液中。这个过程非常繁琐仅适合小型酒庄和短时的小容量发酵。尽管繁琐，但无疑是轻柔的方式，因为最小程度地破坏葡萄皮，避免了从葡萄皮细胞的外层释放出苦涩单宁。

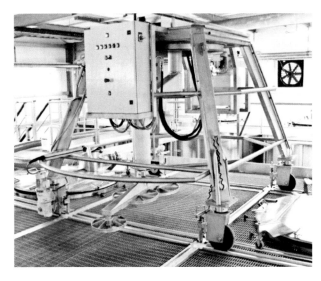

一种现代化的机械
自动压帽机

　　这个过程的技术要点是，人们站在开口罐的罐顶，使用笨重的工具（上面握杆下面压盘）沿着罐四周压帽，从而将浮在上面的葡萄皮压入汁液中。已发生多次因压帽而掉入罐中的事件，甚至有好些人因此丧命，但令人惊讶的是，即使现在人们有着健康和安全意识，这种方法仍被允许使用。有些人会说"那我们还能怎样！"，但生命不是拿来开玩笑的，一旦出现事故，葡萄酒可不再是愉快的饮料了。

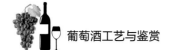

有些现代酒厂考虑到这个问题，因而安装了自动压帽设备。在开口罐的上方安装液压不锈钢锥形设备，因而可以轻柔地将帽压入各个方向。20 min 后，可以自动移动到下一个罐，每天可以重复操作。另一个方法是利用电机产生的强大旋转力，搅动掩盖皮帽。机器不会疲惫，也不会淹死人。

内浸式

Submerged cap process

另一个将帽泡在酒液中的方法是使用筛网往下压皮帽。皮帽被压入液体中，从而消除产生挥发酸的风险，但这种方法效果不佳，因为葡萄皮在筛网下被压缩，阻止了有效的浸渍。不断产生的二氧化碳使葡萄皮在筛网下更加紧实，从而阻止了气体逸出，直到外界破坏了皮帽。有些罐因此而爆裂，造成酒液损失。

人们对不锈钢罐做了巧妙的设计，在皮帽下贯穿管道，允许发酵气体从管子中排除，从而克服了上面的问题。罐和管道使用不锈钢制成，在罐的外面设计制冷系统实现温度的自动控制。

一种简单的打孔隔板装置，用于发酵期间黑比诺的压帽。巨大的木质结构表明需要巨大的力量

淋帽系统
Pumping-over systems

　　另一种混合葡萄皮与液体的方法是将罐底的液体泵送到葡萄皮表面，这是一种有效的萃取方法。即使老式的水泥罐也可以将汁液从底部泵送到罐顶，通过活动的管道实现人工淋帽。

酿造阿列尼
（Aglianico）
过程中的人
工淋帽

　　在更现代的不锈钢罐中，在罐顶安装固定喷淋头从而实现自动淋帽。发酵过程不断产生的二氧化碳保护葡萄酒不被氧化。

　　圣埃美隆的碧豪庄园（Chateau Belair）使用的一套系统，堪称优雅的典范。汁液从发酵罐底部重力作用流入一个小罐，然后使用电梯抬升小罐，再通过重力作用喷淋回罐。

　　已开发独特设计的发酵罐，使用大型的淋帽系统，常用来生产中高端葡萄酒。这种罐是普通罐的 2 倍高度，使用多孔筛板将罐分成两部分。破碎后的葡萄进入罐的上半部分，葡萄汁穿过筛孔进入罐的下半部分进行发酵。使用泵将葡萄汁从底部打入罐的顶部淋帽，葡萄汁再缓慢渗透进入下半部分，这种方法既不破坏葡萄皮，能够轻柔地萃取颜色和

风味物质，同时也不会有溶解大气氧气的风险。

沥淌循环
Delestage (rack and return)

沥淌循环可看作淋帽的极端版本，一天一次将发酵罐中的液体全部倒入另一个空罐，然后再用泵倒回罐中彻底淋帽。

这种方法能实现多个目的：

• 发酵葡萄醪很好地溶氧，从而刺激酵母的代谢。

• 花色素苷与单宁结合形成稳定的色素物质，低分子质量的单宁聚合口感更佳柔顺。

• 皮帽所聚集的热量被释放。

• 合适的筛网可以去除葡萄籽，从而减少浸提苦味单宁。

这种方法酿造的葡萄酒更加柔顺易饮，甚至在发酵季结束的数周后即可饮用。

自动循环
Autovinifier

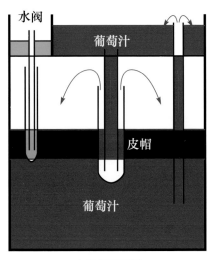

自动循环系统

阿尔及利亚杜塞勒（Ducellier）系统，或自动循环系统，是另一种形式的淋帽。这种方法很巧妙，因为无须外接电源，利用发酵产生的二氧化碳压力将底部的汁移到罐的顶部。这种方法在阿尔及利亚得到发展，阿尔及利亚幅员辽阔，边远地区没有电力。出于同样的原因，这个方法移植到上杜罗，但颇具讽刺意味的是，水力发电计划使得现在的上杜罗电力充足。甚至在现代化的酿酒国家如澳大利亚，也都能见到这种简单高效的自动循环罐。

这种系统是在水泥罐的顶部设有开放水泥槽，在水泥槽中固定管道，发酵期间的葡萄酒通过固定管道上升到水泥槽中，再通过虹吸作用回落到主体罐中。葡萄经过破碎后进入主体罐中，然后密封罐。发酵启动后，二氧化碳将汁液顺着管道压入罐顶的开放槽中。当底腔中的液位降到排气管道以下时，压力降低，开放槽中的汁液回流到底腔中。这样可以彻底搅拌葡萄皮，虽然有些粗放，但可有效萃取多酚物质。

最初的阿尔及利亚杜塞勒罐至今仍在阿尔及利亚广泛地用于酿造优质低度酒，同时在上杜罗用于波特酒和低度酒的生产。

自动循环系统拆除各部件准备清洗。虹吸管和水阀位于罐的顶部

旋转发酵罐
Rotary fermentation

众所周知，水泥旋转搅拌机可简单有效地搅拌固体和液体。基于这个原理，很快发展出搅拌葡萄皮和葡萄醪的设备。罐内设计的涡轮片在朝一个方向旋转时混合物料，而朝另一个方向旋转时会排空罐内物料。这种方法非常有效，将葡萄汁与葡萄皮充分混合，对于一些有难度的葡萄，如黑比诺，葡萄皮仅含有少量的色素物质。然而，过度的搅拌会导致萃取过度，因此专业操作至关重要。

旋转罐用于酿造黑比诺

热浸渍
Thermo-vinification

通过加热可以萃取葡萄皮中的有效成分。这种方法特别是在东欧国家经过实践，将破碎后的葡萄加热到 60～75℃，保持 20～30 min，然后冷却到发酵温度。这种方法酿出的酒颜色很深，因为在高温下葡萄皮中的花青素很容易萃取，高温弱化了细胞壁的强度。这种方法会产生煮酒的味道，除非使用最小的热量。另一个缺点是颜色有些不稳定，发酵过程颜色会部分损失。

贝卡斯代尔酒庄（Chateau de Beaucastel）使用了这种方法，所有的红葡萄都经过热萃取。除梗后的葡萄快速通过 90℃的热交换器中，只有葡萄的外表皮接触热量，而葡萄汁仍低温。这种方法在不破坏优雅风味成分的同时，降低了葡萄皮细胞的强度，从而有利于花青素的浸渍。另外高温杀死了多酚氧化酶，从而降低了二氧化硫的使用量（了解更多信息请登录 www.beaucastel.com）。

闪蒸处理

Flash detente

首次使用闪蒸技术是在 1993 年，为了从香蕉、芒果和荔枝中萃取香气物质，后来被用于生产富含多酚物质和香气的葡萄酒。要想使用闪蒸技术，葡萄必须要有很好的成熟度，同时除去果梗，以避免不愉快的风味。葡萄在无氧环境中加热到最高 95℃数分钟，然后迅速抽真空使细胞被撕开。在随后的浸渍阶段，多酚及风味物质很容易萃取出，生产出的葡萄酒浓郁饱满，适于传统的调配工艺。

经 INAO 许可，闪蒸工艺可用于 AOC（原产地保护）葡萄酒的生产，并在法国南部如罗纳河谷和法国东南部广泛应用。

二氧化碳浸渍法

Carbonic maceration (Maceration carbonique)

二氧化碳浸渍法被广泛用于生产快速易饮的葡萄酒。对于回收资金非常理想。抛开财务因素，这种方法生产的葡萄酒很流行，有着漂亮的紫色，扑鼻的新鲜和果味，口感柔顺非常适合畅饮，无需陈酿。

成功使用这种方法的两个要诀，一是要有整串完好的葡萄，同时发酵容器内充满二氧化碳气体。二氧化碳以前被称为碳酸气体，于是命名为二氧化碳浸渍法。

只要罐顶能够密闭防止气体进入，任何罐都可用于二氧化碳浸渍发酵。发酵在两个截然不同的阶段进行，首先是在密闭罐的高温阶段，然后是在常规罐的常温阶段。二氧化碳浸渍的主要原理是在第一个阶段，在没有酵母参与的情况下产生二氧化碳。在

整串完好的歌海娜用于酿造朗格多克山的葡萄酒

087

这个阶段，通过酵母自身酶的作用，细胞内部发酵生成酒精，这也是为什么要使用整串葡萄的原因。

第二个阶段，更像是常规的细胞外发酵，利用了果皮上的酵母进行发酵。在过去，这个过程没被理解，因此，每个阶段的主要规律也就被忽视了。

完整的过程是：

1. 罐能够完全密封（通常为带有金属盖的水泥罐），使用二氧化碳彻底排除罐内空气。要注意整个过程罐都处于大气压力下，同时防止空气进入。

2. 往罐内装入整串完好的葡萄。重要的是葡萄皮要完好，否则流出的葡萄汁会自动启动常规发酵。

3. 在缺氧和二氧化碳环境下，在葡萄内部发生复杂的代谢变化，让人很容易联系到死亡状态。葡萄自身酶使葡萄结构发生变化，细胞内部释放出糖分。葡萄进行无氧代谢。

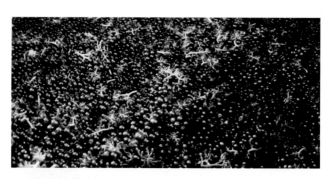

新鲜采收的佳美葡萄

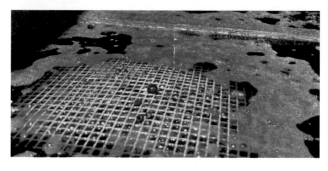

1周后它们将酿成博若莱新酒

4. 葡萄自身酶分解糖分产生酒精。这就是细胞内发酵，在没有酵母的情况下发生（尽管与常规发酵时酵母细胞发生的生化过程相同）。

5. 生化反应引起温度增加（30～35℃）。这个过程会持续 5～15 天，期间产生大约 3% 的酒精度。

6. 在这个阶段的后期，罐内葡萄变得柔软，半汁状，香气特性发生转变。分离汁液，再使用常规方法压榨，将压榨汁加入自流汁中。二氧化碳浸渍法另一个不同点是压榨汁的质量优于自流汁。

7. 将混合汁降温至 20℃，转移到常规罐继续发酵至结束。使用葡萄皮上的天然酵母或添加优选酵母。这就是细胞外发酵。

这种方法有效地融合了两种特点：从受到高温软化的葡萄皮获得优质萃取，后期低温发酵保留了香气。

二氧化碳浸渍法的衍生方法
Variants on carbonic maceration

上面所述是真正意义上的二氧化碳浸渍法，在不少国家用于生产清新果味型的葡萄酒，适合发酵后几个月内快速消费。这种酒单宁少，多酚生命相对短暂。然而，下面几种酿造方法都使用了细胞内发酵。

- **整串发酵** *Whole bunch fermentation*

整串发酵最典型的是博若莱新酒。整串的佳美葡萄被倒入开口罐中，不充入二氧化碳。罐底部的葡萄受挤压渗出汁，葡萄皮上的酵母利用葡萄汁启动常规的细胞外发酵。这样产生了大量的二氧化碳，由于比空气重，二氧化碳逐渐将空气排出罐，全面包围葡萄，从而有利于细胞内发酵。这种葡萄酒的细胞外和细胞内发酵比例不知。也就是这种发酵条件使薄若莱的佳美变得独一无二。这个过程就是半二氧化碳浸渍法，或博若莱生产商称之为"博若莱浸渍法"。薄若莱的不同风格，取决于葡萄浸渍的时间。博若莱新酒会在浸渍一周后分离，而更高质量的酒会浸渍更长时间，有的长达一个月。

- **整粒发酵** *Whole berry fermentation*

另一种方法是整粒发酵。将果穗除梗，保留果粒不破碎。果粒内

部发生细胞内发酵，而渗出的汁发生常规的酵母发酵。这样的葡萄酒既具有细胞内发酵的果香和新鲜感，又具有来自发酵汁萃取葡萄皮的结构感。

桃红葡萄酒
Pink wines

　　不幸的是，法语桃红（rose）在全球被用于各种桃红葡萄酒。西班牙桃红葡萄酒的正确术语是罗萨多（rosado）或 clarete，意大利称之为 rosado 或 chiaretto，或在阿布鲁佐（Abbruzzo）地区为 cerasuolo。我们称红葡萄酒为"rouge"或白葡萄酒"blanc"，因此为什么英语国家不能使用 pink 这个术语呢？

　　桃红葡萄酒因老式甜的安茹桃红、葡萄牙桃红和加州桃红而声名狼藉。现代桃红葡萄酒新鲜可口，干型，具有热带水果香气。

　　为了改变对桃红葡萄酒根深蒂固的看法，要注意大多数桃红葡萄酒并非是往白葡萄酒混合红葡萄酒。只有桃红香槟才使用这种方法。在欧洲，禁止将红、白葡萄酒混合以生产桃红葡萄酒。这条法例很容易实施，因为通过萃取红葡萄皮酿造的桃红，与往白葡萄酒中添加少量红葡萄酒所生产的桃红葡萄酒区别很大。欧洲所有静止桃红都是通过红葡萄的短期浸渍所生产，因此花色素含量非常少。而桃红香槟由红葡萄酒与白葡萄酒调配所得，因为香气主要来自于二次发酵工艺，而非基酒。

- 短期浸渍 *Short maceration*

　　普遍认为生产桃红葡萄酒最好的办法是短期浸渍。红葡萄品种经过破碎后进行一定时间的带皮浸渍，从而获取一定的颜色，然后分离汁液。这种工艺专门用于酿造桃红葡萄酒，而非其他酿酒工艺的分支。

- 放血 *Saignee*

　　这个工艺也可生产桃红葡萄酒，在法语中译为"放血"。葡萄醪短期浸渍（或许 2～3 天），然后进行清汁发酵。这样做有两个目的，既可以生产桃红葡萄酒，剩下的葡萄醪也得到了浓缩。

• 过夜酒 *Vine d'une nuit*

　　法国人用这一浪漫的术语来表示浸渍一晚上即放出汁做成的浅粉色葡萄酒。

• 双倍浓缩 *Double pasta*

　　这套西班牙工艺已使用十几载。浓缩了两罐葡萄醪发酵，第一罐葡萄醪在浸渍几天后放出汁，放出的汁然后跟酿造罗萨多（Rosado）一样发酵完，剩下的葡萄皮转移到第二个罐，从而酿造具有双倍的多酚、深黑色浓郁饱满的葡萄酒。这种工艺主要用于生产调配用的深色原酒。罗萨多当初只是这种工艺的副产物，但如今是非常受欢迎的干型葡萄酒，并且可以跟普罗旺斯桃红相提并论。

白葡萄酒的酿造
White Wine Production

No longer drink only water, but use a little wine for your stomach's sake and your frequent infirmities.

切莫只饮白水，酌一杯葡萄酒抚慰你的胃，驱走这时常的疲惫。

1 Timothy, 5.23

与红葡萄酒相比，白葡萄酒的酿造相对简单，因为葡萄皮与汁液分离，发酵没有皮帽的影响。防止氧化、低温发酵保护果香，所有努力都为酿造一款优质白葡萄酒。在那些熟练的浸皮实践中，发酵启动前葡萄汁通常与葡萄皮分离。尽管这种工艺与红葡萄酒的工艺相似，但操作顺序有所不同：

- 除梗
- 破碎
- 调硫
- 浸皮
- 分离汁
- 压榨
- 澄清
- 调整糖、酸
- 发酵

有些过程在一定条件下对白葡萄酒很关键。

低温发酵
Cool fermentation

能够实现低温发酵的设备激励了酿酒师使用愈加低的温度酿造白葡萄酒，但不幸的是过低的温度使葡萄酒如临床（医学）般干净，让人联想到菠萝和香蕉的香气，却少了品种特性，品尝时都很相似，没有产地特色。

　　人们已经知道最佳温度取决于葡萄品种和葡萄酒的风格，大致在15～20℃，目前趋于高温端。过低的温度，会保留挥发性酯类，菠萝般的酯香在酒中占主导。随着温度升高，葡萄的真实特性得以表现。高温会使挥发性成分损失，葡萄酒变得平淡无力。

浸皮
Skin contact (maceration pelliculaire)

　　红葡萄品种在发酵阶段与葡萄皮接触获得颜色，同时还可以获得好的澄清度，这种工艺称为浸渍或带皮发酵。这里所说的浸皮是白葡萄酒的工艺，而二氧化碳浸渍法是红葡萄酒的工艺，二者不能混淆。

　　生产白葡萄酒时，人们认为会从葡萄皮中萃取到苦味和涩味单宁，因此一般会尽早分离汁。随着酿酒学的深入研究，人们意识到不少香气成分来自葡萄皮的下表层，与果肉相邻。葡萄采收后，如果葡萄皮仍与汁液细胞接触，香气成分会逐渐进入汁中。因此，相比已被接受的快速分离汁工艺，而有必要进行一定时间的浸皮。

　　一般的浸皮工艺，将葡萄小心破碎，自流汁与葡萄静置几小时。尽可能降低温度，防止萃取到不想要的风味，因为低温下这些成分溶解量少。在0℃让葡萄皮与葡萄汁接触长达2天，以最大程度获取风味，低温可以防止苦味的发展。

　　这个方法对芳香型品种非常有用，如长相思（sauvignon blanc）。但与此同时，对所有品种而言，都有萃取到多酚物质的风险。

　　另一种可选的方法，小心收集完好整串的葡萄，放在冷凉的地方放置过夜，第二天再破碎压榨。这个简单的过程可以让香气成分从葡萄皮的细胞内部扩散出来，因此避免了浸皮，最小程度溶解多酚物质。酿造白葡萄酒的完美条件是最小程度防止氧化。

　　有时候葡萄直接整串进气囊压榨。这种方法是酿造优质起泡酒的必要工艺，如香槟。整串压榨出的汁质量好，风味优雅，酚类物质含量低，固形物低。有些热气候地区的霞多丽和雷司令采用这种方法酿制。

罐还是桶

Tank vs. barrel

许多现代白葡萄酒全程在不锈钢罐中发酵，从而生产出新鲜干净讨

勃艮第白葡萄酒在传统的
桶内进行的剧烈发酵

人喜欢的现代口感的白葡萄酒，这种罐也容易清洗和杀菌。如果想增加酒的复杂性，可以转到橡木桶中发酵完。全程在橡木桶中发酵，而不只是在桶中陈酿，可以带给葡萄酒最大的复杂性。这是由于葡萄酒与橡木多酚的反应，以及酵母本身作用的结果（更多细节见第 11 章）。

带泥陈酿

Sur lie

这个法语术语表示"在酒泥上陈酿"。发酵末期酒脚会在罐底或桶底形成沉淀。酒泥的主要成分为酵母细胞，包括死细胞和活细胞，还有部分葡萄皮和细胞。这种工艺主要用于白葡萄酒，为了增加酒的风味和复杂性，通常会有轻微的"烘烤"的特点。使用这种工艺的葡萄酒一般会联想到麝香葡萄，葡萄酒在酒泥上至少陈酿数月。按照法规，在下一年 3 月底之前葡萄酒不能倒罐和灌装。

搅桶

Batonnage

这是另一种带泥陈酿。葡萄酒在厚酒脚沉淀放置数月，死酵母细胞在自身酶的作用下分解。这个过程发生在还原条件下，即与氧化相反。在这些条件下，部分二氧化硫还原为硫化氢，一种臭味成分（臭水沟、臭鸡蛋味）。搅拌可以为酒泥带来氧气，防止出现还原味。

搅拌还可以增加葡萄酒与死酵母细胞的接触。从而增加了细胞产生的风味。

传统的搅拌棍　　　　　　　　　　现代的转桶器

　　搅桶一般使用带有链条的搅拌杆完成。搅拌杆的上端为桶塞，可以旋转带动沉淀混合葡萄酒。另一种方法更快更简单也更有效，是将木桶放在带有轮子的桶架上，这样木桶通过旋转混合酒脚和葡萄酒。

防止氧化
Prevention of oxidation

　　酿造白葡萄酒的现代工艺，其中一个原则是防止氧化，氧气是果香重要的破坏者。红葡萄酒有较高含量的多酚物质，多酚是天然抗氧化物质，因此对氧化敏感性相对较小，而白葡萄酒没有这种保护。来自西班牙、法国、意大利和东欧的老式白葡萄酒极其平淡，颜色发褐，湿纸板气味，品尝时除了果味没有任何口感，尾味涌出二氧化硫的味道。这主要是疏于氧气控制的结果。

　　现代酿酒工艺其中一个转变是生产色浅、果味雅致、清爽、十分易饮的白葡萄酒。多数这种风格的葡萄酒是通过每个阶段的隔氧实现的：

　　• 使用罐式压榨机压榨，压榨机提前充满氮气；

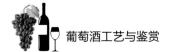

- 使用管道输送葡萄汁，提前使用二氧化碳或氮气充满管道和罐；
- 检查所有连接处的密封性，尤其是泵的密封性；
- 切勿不满罐存放葡萄酒，除非充入氮气保护；
- 正确使用抗氧化剂，尤其是二氧化硫和抗坏血酸（维生素 C）；
- 任何时候注意溶解氧保持在低水平。

甜型葡萄酒
Sweet wines

根据当地传统和成本因素，有多种方法生产甜型酒。大致分为下面几类：

- 干型葡萄酒中添加浓缩葡萄汁（廉价瓶装酒）；
- 干型葡萄酒中添加受保护的葡萄汁（德国 Qba 葡萄酒）；
- 使用过熟并被太阳自然浓缩的葡萄发酵（也就是所谓的特酿葡萄酒和部分德国 Qmp 葡萄酒）；
- 葡萄在成熟时采收，置于干燥环境下风干（阿玛罗尼和梵圣托）；

在蓬塔谢韦（Pontas-sieve)产区维拉迪维特酒庄（villa divetrice）用风干的葡萄酿造梵圣托甜酒

- 使用受灰霉菌感染的葡萄发酵（托卡伊阿斯苏，苏玳和德国枯葡精选葡萄酒（trockenbeerenauslesen）；
- 使用冰葡萄发酵（德国冰酒和加拿大冰酒）；
- 卡夫拉葡萄酒。

最简单低价的方法是在澄清稳定的干型葡萄酒中添加部分糖分。应当注意甜味来自某种形式的葡萄汁，不允许使用蔗糖（除香槟外）。这种方法用于生产低成本的卡夫拉酒，如在不少酒吧出售的"半干型白葡萄酒"或"甜白葡萄酒"。事实上，有些低价红葡萄酒含有少量添加的糖分，这种葡萄酒是日用消费的首选。

• 德国葡萄酒　*German wines*

德国南部地区几百年来一直生产干型葡萄酒，这些酒酒体充分，平衡良好，很适合搭配食物。在更北部地区如莱茵高（Rheingau）、莱茵黑森（Rheinhessen）和摩泽尔（Mosel），这些地区的葡萄酒体轻，传统上用于生产半甜型葡萄酒，如添加酥蕊渍（Sussreserve），这是一种保存（如使用微孔过滤、冷藏或加硫）的未发酵葡萄汁。

在皮斯波特葡萄园的
雷司令葡萄藤

这种增加甜味的方法仅允许生产优质餐酒（Qualitatswein bestimmte Anbaau-gebiete，QbA），在德国分级系统中属于较低级别。不允许生产更高级优质餐酒的 Qualitatswein mit Pradikat（QmP），因为 QmP 葡萄酒的残糖不属于外源糖。根据葡萄酒中的含糖量可以划分不同类别，下面为莱茵高地区雷司令葡萄酒的数据：

小房酒（Kabinett）　　　　　　　　73° Oe

迟摘（Spatlese）	85° Oe
逐串精选（Auslese）	95° Oe
逐粒精选（Beerenauslese，Eiswein）	125° Oe
枯粒精选（Trockenbeerenauslese）	150° Oe

随着干型酒的风靡，不少生产商尝试将这些葡萄酒发干，但并非一直成功发干——人们甚至惊讶地发现标有逐串精选的酒竟然是干型的！事实上，德国生产商使用不同酿造甜型葡萄酒的方法，酿出了世界上最优质的甜型葡萄酒，极其优雅而复杂的香气，酸度细致平衡。

（注意酥蕊渍不能用于发酵时增加酒精度。）

• 苏玳贵腐 *Sauternes*

苏玳是贵腐酒的代名词，使用受到灰霉菌或贵腐菌侵染的葡萄酿制而成。贵腐菌的生长条件完全取决于气候条件。早上必须有雾、潮湿，从而有利于真菌生长，下午阳光干燥真菌生长停止。

因此，只有在适合真菌良好发展的年份，才能产出最出色的苏玳酒。在好的年份，果粒皱缩后要手工逐粒采收，保留健康果粒在合适条件下感染贵腐菌。这意味着在葡萄园要分多次采摘那些合适的葡萄。像滴金庄（Chateau d'Yquem），采收人员要在葡萄园穿梭 8～9 次，葡萄酒的成本可想而知。

• 托卡伊阿斯祖 *Tokaji Aszu*

酿造托卡伊的阿斯祖葡萄酒工艺独一无二，因此细节值得一看。

酿造贵腐酒，气候对品质的影响非常重要，取决于早上的雾和湿度、下午的阳光。手工逐粒采收皱缩的果粒，非常乏味而精细的工作，一般由手巧的女工完成。在这点上，托卡伊阿斯祖酒的工艺完全不同。

受贵腐菌感染的果粒收集在框子中，撒上焦亚硫酸钾后储存。健康的葡萄采收后用于酿造常规的干白葡萄酒。

接下来将阿斯祖果粒轻微破碎，然后加入到一定体积的干型基酒中。小心混合萃取数小时后，将酒液与葡萄皮分离，转入橡木桶，放置在黑暗冷凉的酒窖中至少 2 年，但一般时间更长。

由皇家托卡伊精选最好
质量的阿斯祖木桶用于
生产托卡伊阿斯祖酒

　　在这个阶段葡萄酒逐渐成熟，有时伴有轻微发酵，生产出令人难
以置信的复杂、干净而饱满的甜型葡萄酒。有些特定的品种，如福尔明
（Furmint）的酸度可以平衡这浓郁的甜味。其他一些品种，如哈斯维莱
露（Harslevelu）和萨尔加斯卡塔力（Sargamuskataly）可以增加酒的复
杂性。

　　托卡伊葡萄酒的分级不容易理解，部分原因是匈牙利语的特性。
这种分级实际十分简单，与残糖量有关，不像德国葡萄酒，分类取决
于未发酵汁的甜度。这个名称起初源于收集葡萄用的筐子：普托尼
（puttonyos）。

皇家托卡伊阴凉
深邃酒窖

3 普托尼 =60～90 g/L 糖

4 普托尼 =90～120 g/L 糖

5 普托尼 =120～150 g/L 糖

6 普托尼 =150～180 g/L 糖

储存阿斯祖果粒时滴下的汁液就是著名的埃森西亚（Eszencia），类似于葡萄汁而非葡萄酒，其含糖量高达 600 g/L，仅 3% 的酒精度。

起泡酒和加强酒的工艺
Sparkling & Fortified Processes

Burgundy for kings, champagne for duchesses, claret for gentlemen.
君王饮勃艮第，公爵喝香槟，绅士只爱波尔多。

Anon 法国谚语

起泡酒
Sparkling wines

起泡酒工艺多样，从价值不菲的瓶内二次发酵，到便宜便利的工业化罐内充气法。起泡酒的质量很大程度反映在价格上（并非必然），因为最昂贵的起泡酒，需要投入大量的人工操作。

• 传统法 *Traditional method*

这个方法也就是大家所知的香槟法，因为香槟就是用这种方法所生产的。为了保护当地的产品，只有香槟地区才能称为香槟法，世界其他地方使用这种方法只能称为传统法。传统法产生的气泡主要来自瓶内二次酒精发酵，这种方法在生产优质起泡酒时备受推崇。

在阿尔佛雷德格拉
汀用传统的塔扣横
放葡萄酒

101

　　首先是生产平静干型基酒。除发酵结束后添加二氧化硫外，生产基酒的方法跟生产平静干型酒一样。灌装时，在基酒中调配一些蒸馏酒、蔗糖（或甜菜糖）和优选酵母，将这种混合液称为"再发酵液"。用皇冠帽或传统的软木塞封瓶后，再用丝扣固定住，然后储存在香槟区地下石灰质冷凉酒窖中，并且将瓶子放置在木质转瓶架上。

出现在瓶侧面的沉淀

　　葡萄酒在冷凉酒窖中进行再发酵，从而在瓶内积聚二氧化碳。不幸的是，在此同时瓶内会产生酵母沉淀，如果不去除沉淀，开瓶会使酒液浑浊。反过来，随着酵母细胞死亡并逐渐分解（自溶），在漫长的陈酿过程中这些分解物会给予葡萄酒特殊风味。香槟的复杂度主要来自这个阶段，但基酒的品质发挥相当大的作用，因此羸弱的酒体会迅速老化。

　　待上市时，需要去掉瓶内沉淀，没有人想要一瓶浑浊的葡萄酒。去除沉淀的传统方法是手工转瓶，酒瓶放在特殊设计的转瓶架上，每天快速转动每只酒瓶，逐步将卧放的酒瓶旋转呈倒立垂直状。这样沉淀逐渐移动到瓶旋颈（盖）处。

　　但这个过程冗长且昂贵，现在越来越多（甚至在香槟区）都由转瓶机替代［在法国称为回转托盘（gyropallets），在西班牙称为回转锉（gyrasols），在美国称为VLMs（大型设备）］自动完成。这些设备每30 min急转90°，与传统转瓶架有着相同的效果，但更快速有效。

　　最后沉淀累积在木塞上，若使用皇冠盖，沉淀会

传统的转瓶架

掉入与之配合使用的塑
料盖里。再将酒瓶倒立
放置在灌装线上。

目前常用的方法是
将酒瓶颈部冷冻，沉淀
被冷冻住。启开木塞或
铁盖时，冰块从瓶中喷
出，沉淀被去除。用这
种方法去除二次发酵的
沉淀对酒的损失很少。

然后用一定品质的糖浆（liqueur d'expe-
dition）添满酒瓶，这种蔗糖溶液可以带给香
槟完美的平衡。（流行的 Brut 干型酒含糖量最
高可以有 15 g/L。）最后使用新木塞密封，外
面用丝扣固定住，最后套上铝塑帽贴上标签，
葡萄酒便可出售。

香槟就是由典型的传统法所酿制。所有
英式起泡酒也都使
用这种方法，另如
西班牙的卡瓦。不
少国家也都用如上方法生产优质起泡酒。起
泡酒的品质主要取决于两大因素：基酒的质
量和出渣前在瓶内带泥陈酿的时间。无年份
香槟在瓶内带泥陈酿的时间最少要 15 个月，
年份香槟至少要 3 年。

• **转移法** *Transfer method*
这是另一种解决起泡酒转瓶问题的方
法。不可否认的是，起泡酒最好的风味来自
于葡萄酒与酵母沉淀的长期接触，尤其是单

皇冠塞与冰塞

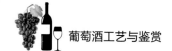

个瓶的密闭接触。在大罐中进行二次发酵生产的起泡酒，品质绝没有瓶内发酵得好。

转移法跟传统法一样，二次发酵在瓶内发生。不同点在于去酒泥的方法。葡萄酒在二氧化碳压力下倒入耐压罐内，然后制冷到 $-5℃$。加入配制酒（甜型葡萄酒）后，葡萄酒经过滤最后装瓶。

因此葡萄酒有瓶内发酵的风味，但由于转移操作品质略有损失。

• 罐法（罐内法）*Tank method (Cuve close or Charmat)*

罐内法是指二次发酵在耐压罐内发生，而非瓶内。这种方法最大的缺点是葡萄酒与酵母沉淀接触不充分。有些生产商定期搅拌酒脚作为弥补，在一定程度上增加了复杂性。

然而，最基本的一个问题是时间。要在罐内实现与瓶内相同的时间效果是不切实际的。不过，有些优秀的起泡酒也是用这种方法酿制，价格也不错。

• 充气法 *Carbonation ("Pompe bicyclette")*

这种方法，起泡酒的二氧化碳不是来自二次发酵，而是使用商业二氧化碳压缩气体。葡萄酒首先被制冷，再将二氧化碳以气泡状注入，气体快速溶解到酒中。这种葡萄酒没有任何额外的发酵风味，压力下降时气体再次涌出——一种非常低档的方法。

• 阿斯蒂法 *The Asti method*

这是生产阿斯蒂起泡酒的方法，简称为阿斯蒂法。这种方法主要是为了保护麝香品种的花香特性，因为麝香的花香特性会在葡萄酒发干后消失。

麝香葡萄汁被泵送到耐压容器中，然后接种酵母。发酵启动，允许产生的二氧化碳逃离到大气中。当酒精度接近 5% 左右，密闭阀门，连续产生的二氧化碳溶解在葡萄酒中，从而产生气泡。当酒精度和含糖量达到期望值时（一般 6%～9% vol，60～100 g/L 含糖量），将葡萄酒冷却至 0℃，终止发酵。然后澄清、过滤、装瓶。

阿斯蒂法最主要的问题是灌装。实际上酒精度在 9% 左右，残糖

35 g/L 左右，葡萄酒中的营养物质非常丰富，十分利于酵母重新启动发酵。一位生产商被问及为什么既做膜过滤又进行巴士灭菌，他回答："这么做就可以睡个安稳觉了！"

加强型葡萄酒（利口酒）
Fortified wines (liqueur wines)

根据欧盟规定，过去的加强型葡萄酒现在更名为利口酒。常用的方法是往发酵中的葡萄汁添加酒精。

• 自然甜酒 *Vines doux naturels (VDN)*

这个类别会使人误导，因为这种葡萄酒并非自然甜型。但甜味并非外源糖，只是添加的酒精（白兰地）终止了发酵，因此相对于其他加入外源糖的葡萄酒而言，属于自然甜型。这种葡萄酒仅添加了酒精（白兰地）终止发酵。

自然甜酒属于不完全发酵的葡萄汁，通过添加酒精终止发酵，最后的酒精度在 15%～18%。因为是不完全发酵，因此含有残糖显甜味。

后续工艺根据终产品的风格而有所不同。麝香葡萄酒储存在封闭的钢罐中；其他葡萄酒在橡木桶中陈酿。兰西欧（Rancio，氧化陈酿型）葡萄酒储存在大橡木桶中好几年，有意让其氧化，定期用新酒替换部分罐中老酒。

法国南部是这类优雅而油滑玫瑰香型葡萄酒的主要产地，如吕内尔、米黑瓦、弗龙蒂、尼昂和韦萨特。喜欢甜型葡萄酒的法国人经常将这种酒当作开胃酒。

• 波特酒 *Port*

波特酒的基本原理与自然甜酒相似：发酵启动，然后添加酒精终止发酵。区别在于：第一，葡萄必须来自上杜罗河的特定区域；第二，浸渍工艺不同。

生产波特酒非常有意思的地方是使用拉加尔（lagar）或石槽来压葡萄。石槽或拉加尔的面积近 4 m²，不足 1 m 深，比例很不寻常的发酵容器。

进入车间，葡萄有可能除梗或直接倒入拉加尔，然后一般由一队男士光脚破碎葡萄。这个过程耗费体力，需要好几个小时完成。这样可以破碎葡萄皮，释放汁液，再加上一定程度的摩擦，使多酚物质得以释放。拉加尔较浅，使葡萄汁与葡萄皮有很好的接触，氧气也容易溶解，这对花青素的稳定性非常重要。

随着自动发酵罐或迪塞利耶（Ducellier）罐的引进，从而大大解放了这种繁冗的工艺，但酒的质量不佳。搅的作用有着特殊效果，波特酿酒师创作性地借鉴原始酿酒工艺搅拌，经过设计的机械式拉加尔，可以模仿人的破碎作用。目前这种设备成为酿造优质波特酒的首选。

全自动化的机器用于制造格雷厄姆波特酒

机械式或自动式拉加尔由不锈钢槽组成，不锈钢槽与传统的拉加尔尺寸相似。设备安置在可以滑动的轨道上，里面由装有硅胶垫片的矩形活塞组成，模仿人的脚。设备在轨道上滑动，活塞垂直上下运动，就像成排人的脚一样。这样葡萄被压在拉加尔底部，挤压葡萄皮，释放汁液。可以调整活塞运动高度，比如只有拉加尔一半高度，跟压帽操作一样，与此同时还能带来空气中的氧气，使发酵葡萄醪发生微氧作用。

在拉加尔内短期发酵后，使用传统管道将葡萄汁倒入 550 L 橡木桶中。在桶中加入白兰地，使酒精度接近 20% vol，终止发酵，从而保留糖分生产甜型利口酒。

• 波特酒的风格 *Port styles*

数月后葡萄酒自然澄清，最好是能出产年份波特酒（Vintage Port）。葡萄酒满桶陈酿，必须在两年内装瓶，通常还需要 10～15 年的瓶储才能达到完全成熟。这种波特酒需要滗除厚厚的沉淀后享用。

标有年份的波特酒只能是最好的年份之一。那些没有标示年份来自单一园（Single Quinta）的波特酒，一般会像年份波特酒一样灌装，在酒标上面标示葡萄园或酒庄的名字。这种酒与年份波特酒处理工艺相同，但价格没有年份波特酒高，性价比往往较高。

往下一个级别是晚装瓶波特酒（Late Bottled Vintage）。这种酒在桶中陈酿 5～6 年后装瓶。这种葡萄酒在桶中有着足够的多酚物质，由于沉淀附在桶上，因此饮用时无须滗酒。

茶色波特酒（Tawny Port）在木桶陈酿的时间非常长，标准时间为 10、20、30 和 40 年。陈酿时间越长，葡萄酒越复杂且酒体越柔和。便宜的茶色波特酒使用宝石红和白波特酒调配而成，因此品质较低。

科西塔（Colheita）波特酒是茶色波特酒的一种，单一年份，风格与陈年茶色波特酒相似。

宝石红波特酒（Ruby）和年份特性波特酒（Vintage Character）都属于低端波特酒，在木桶中短期陈酿后即可灌装上市，快速消费。不需要滗酒。

白波特酒（White Port）只能使用白色葡萄品种酿制，在葡萄牙作为开胃酒很受追捧，因为含糖量比红色波特酒低。然而，这种酒容易氧化，应该在年轻时饮用。

一个有意思的化学事实是，宝石红波特和茶色波特酒处在天然铁离子状态，表明已氧化成熟。这种葡萄酒在瓶中也不能提升质量。年份波特酒处在亚铁离子状态，表明在进行有氧成熟，在瓶内仍具有发展潜力。

• 雪莉酒 *Sherry*

雪莉酒的典型特点是索雷拉（Solera）系统和在桶内成熟时部分酒的表面出现的酒花（酵母状膜层）。

索雷拉系统由成排的橡木桶组成，一个桶叠加在另一个桶上，一般四层。这套系统的原理是新酒进入一排空桶中，也就是阿纳达（Anada），表示葡萄的年份。在索雷拉系统的末端是最后一排木桶，是可以灌装最早的葡萄酒。实际上这一排叫索雷拉排，尽管这套系统也被称为索雷拉系统（非常容易混淆）。

这个方法源于灌装要求。索雷拉排的酒被抽出灌装，但每次抽出的酒绝不会超过 1/3 容量。这些木桶再用后一年份的酒添满，依此类推，直到最上面排的酒用最新的酒添满。中间两排称为克里阿德拉（Criadera），表示温床的意思，因为葡萄酒在这里成熟。最好的浅色雪莉酒（Finos），如来自刚萨雷斯比亚斯（Gonzalez Byass）的迪欧贝贝（Tio Pepe）或多米克拉娜（Domecq's La Ina），索雷拉系统多达 8 层橡木桶。

这样设计的目的是进行多重调配。年轻的酒总是添加到品质相当的老年份的酒中，因此越老年份的酒影响越大。很显然，使用这种系统是不会出现年份雪莉酒的。如果在酒标上看到日期，应是索雷拉建立的年份，因此这种酒在木桶中已陈酿多年。理论上，仍然有少部分当年的原酒存在成品中。

在桑切斯罗密德的
雪莉酒

酿造雪莉酒的葡萄，大部分为帕罗米洛菲诺（Palomino Fino）。这种葡萄的种植、采收、发酵（不锈钢罐）等与普通白葡萄酒一样。但发酵温度更高，因为不是为生产果香型葡萄酒，但也并不是平淡的酒。发酵后期，葡萄酒倒入木桶成为阿纳达，放置几个月。然后逐个桶品尝以确定能否酿制菲诺或欧罗索（Oloroso）风格。接下来根据质量要求将菲诺或欧罗索转移到下一层桶中。

菲诺葡萄酒的酒精度在 15%～15.5%，但不会超过这一水平，因此葡萄酒的表面可以形成神秘的酵母膜层。这个膜层由各种酵母菌株（酿酒酵母）组成，在酒的表面不断形成膜层，同时生成乙醛和其他物质，从而再形成菲诺葡萄酒典型的香气和风味。常规的索雷拉萃取和年轻酒的添桶都是保持菲诺葡萄酒新鲜特性的重要因素。

当酒精超过 17.5% vol，桶中的膜酵母被酒精杀死，却能产出欧罗索克里阿德拉葡萄酒。这些桶的氧化环境很好，酒的颜色变深香气更浓，因此称为欧罗索，表示芳香。

上面是两种主要风格的雪莉酒，还有一种阿蒙蒂拉多（Amontillado）雪莉酒。这是陈年菲诺，膜酵母逐渐死去，留下菲诺继续被氧化，随着陈年颜色更深酒更浓郁。然而，年轻酒的融入对防止酒的完全氧化也很重要。

科技时代有些浪漫的工艺被逐渐遗忘，而这些对酿造雪莉酒意义非凡。我们不用再去等待期盼着木桶中的雪莉酒神秘地变为菲诺或欧罗索。微生物知识使我们能够控制发展方向。在不少车间，在罐内接种膜酵母并鼓入空气气泡，满足酵母的氧气需求从而形成香气物质。当氧化膜足够时，酒会变成菲诺克里阿德拉。

应当注意的是，所有的雪莉酒第一次从索雷拉系统中往下添桶都是干型的，因为糖分全部转化为酒精度。最好的阿蒙蒂拉多和欧罗索灌装前没再做调配，在酒标上"viejo"表示陈年酒。这种雪莉酒浓郁、精彩、复杂。尽管昂贵，只有很少量的酒才能上市，因此物有所值，值得去寻找。

使用佩德罗西米内斯（Pedro Ximenez）葡萄酿造的甜型雪莉酒同样美味。这种葡萄含糖量很高，在完全成熟时采收，然后在烈日下晒干。这种雪莉酒颜色黑、饱满、成熟、油质感十足——酒中精品！

标准的中－甜型雪莉酒调配了少量的阿蒙蒂拉多和欧罗索，适合有

目地增加酒的颜色和甜度。

• 马德拉酒 *Madeira*

按照生产波特酒或雪莉酒的方法都能酿制出不同风格的马德拉酒：跟生产波特酒的方法一样，添加白兰地终止发酵从而生产甜型马德拉酒；使用生产雪莉酒的方法，允许酵母发酵充分，从而生产稍干些的马德拉酒。

马德拉酒的特殊性在于使用了爱斯图法格（Estufagem）工艺，这种工艺要缓慢加热葡萄酒（40～50℃）数周时间。这样处理后，进入生产雪莉酒的索雷拉工艺系统。

不同风格的马德拉酒最初根据葡萄品种命名，从干型到甜型：舍西亚尔（Sercial），布尔（Bual），华帝露（Verdelho）和马姆齐（Malmsey）或玛尔维萨（Malvasia）。在遭受根瘤蚜灾害后，范围扩大至黑莫乐（Tinta Negra Mole）和康伯夏（Complexa）。自加入欧盟后，单一品种比例必须超过 85% 才能在酒标上标示品种。

• 马沙拉酒 *Marsala*

马沙拉（Marsala）位于西西里岛（Sicily）的西端，从马沙拉附近出产的葡萄酒称为马沙拉酒。使用生产波特酒的工艺，根据葡萄酒所需的糖度加入白兰地终止发酵：要生产甜型酒，在发酵早期加入；要生产干型酒，在发酵末期加入。后续工艺跟雪莉酒一样，在索雷拉工艺系统中完成。

根据在索雷拉工艺系统中最短时间进行分类：

优质马沙拉酒，1 年

精选马沙拉酒，2 年

珍藏马沙拉酒，4 年

极品马沙拉酒，5 年

将马沙拉酒只作为料酒使用，这是极不公平的。因为最好的陈年马沙拉酒，都是优秀的加强型葡萄酒。

如今在西西里使用现代控温控氧工艺来生产优质低度酒是不明智的做法。

第 11 章

木桶与陈酿
Wood & Maturation

Many strokes, though with a little axe,
Hews down and fells the hardest-timbered oak.

最坚硬的橡树也会在斧子的无数次挥砍中倒下。

莎士比亚，亨利六世，第三章

　　木桶对葡萄酒的影响复杂且存有争议。毫无疑问木质容器的使用远远早于水泥、玻璃纤维或不锈钢。不可否认的是，人们从动物皮、陶器、石罐子、石槽，最终到木质器皿的使用，是不断学习和进步的过程。

　　氧气对红葡萄酒在木桶中的陈酿发挥着重要作用。例如，优质波尔多葡萄酒的典型性就取决于在橡木桶中陈酿的时间。陈酿期间，氧气会通过橡木的微孔，或倒桶时从桶口进入酒中。氧气与葡萄酒的粗质单宁作用，使其产生沉淀沉于木桶底部，使葡萄酒变得柔顺。

　　氧气对红葡萄酒的颜色稳定性同样发挥着重要作用。酒精发酵末期，需要通入氧气使单宁和花青素相互作用，从而稳定颜色物质，这就是所谓的氧化偶联。这样的成品颜色物质更加稳定。

　　使用木桶的第二个（有些人会说是首要的）目的是增加葡萄酒的风味和复杂性。葡萄酒表现出的风味强度取决于橡木桶使用的次数、桶储时间以及橡木桶的尺寸（木桶与酒的

在法国森林的橡木树

111

接触面积）。

如果我们想要达到最佳的效果，通常需要在新橡木桶中储存至少 8 个月。新桶价格昂贵，每只桶 500 欧元，无怪乎在桶内发酵和陈酿的葡萄酒价格更昂贵。

木材种类

Type of wood

人们认为橡木是唯一可以用作酿酒用的木质材料，但这种观点多少有些狭隘，因为栗木、榉木、樱桃木、洋槐木、核桃木和桃木都曾用于酿酒。樱桃木曾在威尼托用于陈酿瓦波利切拉里帕索（Valpolicella Ripasso），因为樱桃木会软化多酚，同时不会增加任何香草气味。

洋槐木在威尼托和澳大利亚找到了追随者，因为对于长相思、琼瑶浆和雷司令等的成熟，可以使单宁柔顺，增加酒的甜味感。刺槐木有利于芳香型白葡萄酒的陈酿。

不过，没有一种木材比得上橡木的储酒特性，尤其对风味的影响。实际上，在入桶前我们就已决定了香气的特点，通过使用优质的橡木桶可以改变香气的典型性，香草味主导还是香料味主导。

正确使用橡木是复杂的，涉及很多选择，因此更值得深入探讨。

橡木

Oak

橡木是一个大家族，山毛榉科实际属于壳斗目。在这个家族中，橡树属于栎木属，栎木属有超过 250 种，但只有 3 种可用于生产橡木桶。

最主要的细分是在欧洲橡木和美国橡木。欧洲橡木有两个亚种，英国橡木（夏栎），以及无梗花栎（岩生栎），也被称之为无柄橡木。其中无柄橡木在法国大部分森林都能找到。美国橡木为阿尔巴栎（白橡木），最好的美国橡木出产于宾夕法尼亚州、明尼苏达州和威斯康星州。

优质欧洲橡木，如来自匈牙利、罗马尼亚、俄罗斯和波兰的橡木适合制作橡木桶，但法国很可能被认为是最好的橡木来源，其中一个原因是因为法国橡木在欧洲产量最大也最多样化。短柄橡木一般被认为是最好的橡木，因为这种橡木的纹理细致，香气物质丰富。来自桐塞（Troncais），纳韦尔（Nevers），阿列（Allier）和孚日（Vosges）的橡木属于这种。只有利穆赞地区的橡木属于夏栎，这种橡木纹理较粗，香气物质含量少，尤其适合干邑的陈酿。

然而橡木桶厂不是特别在乎橡木的种类，他们认为产地来源更重要。匈牙利橡木被认为能增加酒的质感和结构，而高加索橡木单宁和芳香物质中等。来自克罗地亚斯拉沃尼亚（Slavonia）（不要与斯洛文尼亚混淆）地区的夏栎被认为是最好的夏栎之一。粗纹理结构有利于增加微氧作用，并有助于融合葡萄酒的各种元素，瓶内寿命更长。这种橡木尤其受威尼托、托斯卡纳和皮埃蒙特种植者的欢迎。

曾经有报道说一家西班牙橡木桶厂使用中国橡木蒙古栎。

在新教皇堡的奥吉尔酒庄的橡木罐

尺寸和容量

Size of vessel

要记住橡木并非只生产橡木桶，还有既可储酒又可发酵的橡木大罐。这种立式罐的尺寸一般在 1 000～20 000 L，甚至有 50 000 L 或更大的尺寸。"全球最大的橡木罐"来自法国南部的蒂尔（Thuir），能够盛放 1 000 t 酒。

大型橡木罐不是为了酒的风味，而是其他目的：

• 保温隔热良好；
• 低浓度的橡木单宁（鞣花单宁）有助于提高多酚的结构；

在波尔多拉格拉夫酒庄葡萄酒在橡木桶中陈酿

- 低水平的微氧作用有利于红葡萄酒的颜色稳定；
- 外观高大上。

关于橡木桶的容量，225 L 的波尔多桶似乎被认为是最佳的容量，不仅能给酒带来合适的风味并且便于操作。液体的交换速率遵从相同的规律，与容器的容积成反比。这是因为交换发生在液体与容器接触的表面，容器越小，比表面积越大。如今在匈牙利，生产托卡伊阿斯祖的酒庄更喜欢 225 L 的木桶来取代传统的 130 L 贡奇（gonci）桶。

橡木桶的尺寸对发酵温度也有至关重要的作用。尺寸越小，比表面越大，发酵散热效果更好，这就是波尔多使用 225 L 传统尺寸的原因，在阴凉的酒窖可以恰当发酵。很少需要制冷，通常在寒冷季节尤其是晚秋时节，我们还需要帮助葡萄酒升温以保证发酵顺利进行。

风干和烘烤
Seasoning and toasting

所有橡木在风干后才能使用。这个过程是在原木劈成板材后，此时湿度约50%。3 年后，板材湿度降到 15% 左右。与其他所有木工制品相同的是，有时会用到人工干燥，但效果不佳，因为粗质单宁溶于橡木中，使葡萄酒苦涩且伴有生青味。

在圣埃米利永的贝尔酒庄进行的橡木板风干

人们愈加意识到自然风干不仅关键也很复杂。近期的研究显示，自然风干中，微生物对橡木的成熟发挥着重要作用。微生物能够深入木材毛孔，使多酚物质发生转变，从而增加了酒的优雅性、复杂性和丰富性，并且口感更加柔顺。人工干燥会杀死微生物，从而失去这些作用。

达恒索桶厂

不同烘烤类型，从轻度烘烤、中度烘烤到重度烘烤

　　所有桶板必须烘烤，从而使桶板更加柔韧，有利于弯曲成桶形。这个过程需要 20 min，桶板温度达到 120～180℃，此时为轻度烘烤。大约 10 min 后，温度上升到约 200℃，此时为中度烘烤；5 min 后温度上升到 225℃，此时为重度烘烤，木桶的内表面为深黑色。

　　烘烤是个大课题，目前仍在进行大量的研究。简而言之，烘烤越重，对葡萄酒风味的影响越大。

烘烤产生的芳香物质多样而复杂。如来自橡木木质素的酚醛香兰素，或许是最受喜爱的外源风味。还有其他成分会产生如"烟熏、烧烤、香料、丁利、康乃馨"等香气。

这些风味物质源于木材中的半纤维素，这些物质会产生烤面包、焦糖、可可、咖啡、甜椒和烤杏仁等香气。

桶内发酵

Fermentation in barrel

近些年出现了橡木桶发酵的热潮，因为桶内发酵可以获得更好的橡木香气，而不仅仅只在陈酿阶段获得香气。这项工艺既可用于红葡萄酒也可用于白葡萄酒，尽管红葡萄酒发酵时为了有效管理浸渍而在发酵罐中进行，而酒液一旦与皮渣分离后，酒液会倒入木桶完成剩余的发酵。

较之于不锈钢罐内发酵，橡木桶中的发酵可以获得更充足的氧气，促使酵母更积极的繁殖。这样便于之后的酒精发酵更高效并产生更多酒精。

桶内发酵对于酒的影响非常复杂，最主要的作用就是影响成品酒的结构感。酵母在其中起着至关重要的作用，对于酒和木桶之间的平衡，果香和木香的平衡。起初酵母皮吸附在木桶上减少酒与木桶的接触，之后酵母会吸收一部分橡木单宁，通过生物转化味较弱的呈香物质。总的来说，可以让酒香与木香更和谐优雅。而且大量的酵母皮也会保护酒中的多酚物质免受氧化。

发酵结束后有两种选择，将酒与酒泥分离，或保持带泥陈酿。带酒泥陈酿时我们要不停地搅桶以减少产生还原味的风险。这些大量的酵母皮非常有益处，它们可以分解成多糖，这些物质是天生的清洁剂用来减少橡木单宁中的苦味物质，并且使橡木味更加柔和。同时它们还能增加葡萄酒的复杂度，改善澄清度，减少葡萄酒被氧化的风险，保护颜色。

木桶发酵的缺点有，木桶清洁困难且需要耗费大量人力，而且木桶容积较小，这些无形中增加了成本。并且木桶发酵相对缺乏清爽感和果香，老化得也更快一些。综上所述，橡木桶内发酵只适合酒体强壮、结构紧实、口感饱满且复杂的白葡萄酒，对于那些果香型、即饮型酒则并不合适。

桶内陈酿
Maturation in wood

不锈钢罐内发酵，之后再入桶，当然较之木桶内发酵也会有些许区别。这样做的内部化学反应也会相对简单。由于没有酵母的参与，烘烤香气、木味则更多地呈现出来。由于缺少在发酵阶段的保护，酚类物质的氧化也更加迅速。

橡木制品在酒中的应用
Putting the wood in the wine

如果仅仅是想浸提木桶中的风味物质，而非微氧化成熟，那么昂贵的进口橡木桶是可以被取代的。在酒中添加橡木制品是更明智的选择，例如我们通常往酒中加入橡木片（橡木碎屑）。

按欧盟命名法"片状橡木"即大家所熟知的橡木片

可以添加生橡木片，也可以使用烘烤过的，即使没有太多橡木桶使用经验你也可以轻松选择自己喜欢的风味。

但是结果截然不同，显然没有微氧化过程很难驯服粗糙的单宁。虽

然橡木风味被浸提出来，但是香气很难像使用真正的橡木桶一样进行融合。

微氧作用
Micro-oxygenation

一项新的高科技发明被用于红酒上，可以看作折中的办法，如何在不使用橡木桶的同时还要快速获得圆润的口感。原理却异常简单：如果木桶陈酿是一种慢速的氧化，那为什么不人为地往不锈钢发酵罐中打入氧气而达到同样的作用呢？这项技术会逐步淘汰掉昂贵的橡木桶，并且效果不俗！

在埃米塔日地区凯夫塔恩酒庄使用的微氧设备

氧气的需求极其微小，1 L 酒一个月仅仅需要 1 mL 氧气就可以满足。因此我们需要将氧气转化为微小的气泡，气泡小到我们无法用肉眼观察。将气体泵入气缸内并通过微孔阀门就可以轻松将氧气转化为小气泡。这些微小的气泡通过陶瓷气嘴扩散到葡萄酒中。最重要的是氧气注入的速率，可以说是在一个分子级别。

葡萄酒中的微氧反应十分复杂并且依赖众多元素，如酒中多酚的结构组成、二氧化硫含量、温度和时间。虽然其原理还需很多研究，但毋庸置疑的是它对葡萄酒中多酚结构的影响和改变。通过改变单宁，使得酒更加圆滑细腻，即使装瓶后仍在发展。可以想象这项处理对于单宁与花色素苷含量高的酒更为有效。

微氧化处理主要有两个步骤：

1. 在酒精发酵结束时让氧气占据主导地位，也就是在苹果酸－乳酸发酵前，加入大剂量的氧气，每升酒每月 10～60 mg 氧气，通常 1～3 个月。这个时期我们需要稳定花色素苷和单宁，氧气可以使颜色更加稳定。氧化作用对于粗糙的单宁非常重要。

2. 在苹果酸 – 乳酸发酵结束后，第二部分的微氧作用开始实施。仅仅是通过微氧作用使酒更加柔顺细腻。这一时期持续数月，氧气的添加量也会减少，通常每升酒每月 0.1～10 mg 氧气。

微氧技术无疑是最广泛应用的黑科技。倡导者们提出微氧技术可以提高葡萄酒的质量并且降低成本。长久以来，在红酒的成熟过程中，氧气扮演着重要的作用，而微氧技术使得这一过程简便易行。

注意的是不要将微氧化与过度氧化搞混。

葡萄酒的主要成分
Principal Components of Wine

one barrel of wine can work more miracles than a church full of saints.

一桶葡萄酒比一教堂圣人能带来更多奇迹。

意大利谚语

每款葡萄酒的风格和平衡取决于其相对丰富的组成物质。这些物质有两大来源，葡萄汁本身和发酵过程。来自葡萄汁的物质包括糖、酸、矿质元素、营养物质及多酚物质。其中多酚物质包含了提供涩味的单宁、带有颜色的花色素以及其他关键风味物质。

发酵使葡萄汁最终变成了葡萄酒。发酵产物包括酒精、酸类物质、甘油及这些物质的反应产物。

醇类
Alcohols

发酵时酵母产生醇类物质。醇类物质种类繁多，其中含量最多的是乙醇，因此酒精成为所有酒精饮料的代名词。酒精饮料带给大家熟知的特点：喉热、兴奋，接着消沉最后醉熏。

酒精在葡萄酒的口感中（味蕾上的感觉）扮演着重要角色。尽管使用了最先进的技术去除酒精以生产无醇葡萄酒，但这种尝试并不成功，因为酒精对口感的作用实在太大。乙醇具有部分麻醉作用，能降低味蕾的敏感度，尤其对酸和单宁的敏感度。因此一旦去除酒精，这些物质的味觉效果增强，酒会更酸、更涩。所以，如果你不喜欢酒精，那就喝番茄汁吧！

所有醇类的分子结构都由氢原子（H）的碳链（C）构成，在碳链的末端链接着赋予醇类特性的羟基（—OH）。醇类的区别仅在于碳链长度。

$$CH_3OH \qquad CH_3CH_2OH \qquad CH_3CH_2CH_2OH \qquad CH_3CH_2CH_2CH_2OH$$

甲醇　　　　　乙醇　　　　　丙醇　　　　　　　丁醇

　　醇类第一个醇只有一个碳原子，称为甲基醇或甲醇。甲醇是一种特别不讨人喜欢的醇，起初会使人非常不适，接下来导致失明、癫狂，最终致死。所有葡萄酒都含有微量甲醇，只有粗劣蒸馏酒才会足量到威胁健康，因此全球对非法烈酒有着严格控制。甲醇分子比乙醇小，沸点更低，因此蒸馏酒时最先出来。甲醇是构成"酒头"的一部分，酒头通常会被丢弃。

　　发酵还会产生多种醇，这些醇的分子比乙醇大，毒性不及甲醇，但达到一定量时仍使人感到不适，甚至头疼或恶心。这些醇被称为高级醇或杂醇油。由于沸点高于乙醇，蒸馏时往往最后被蒸出，成为"酒尾"的组成部分。

　　醇类在葡萄酒的成熟过程发挥着重要作用。醇与酒中的天然酸反应生成具有浓郁果香的酯类物质。如菠萝、香蕉、草莓、树莓和其他多数水果都含有酯类物质。酯类在新鲜葡萄汁中不多，而是发酵及陈酿的产物，因此经过陈酿的酒含有各种果香。一些高级醇本身具有较强的香气，因此直接构成了酒的风味特点。不难理解，为什么有人用果香或花香来描述一款酒——花果和葡萄酒中都含有香气分子。

　　葡萄汁的含糖量越高，最后的酒精度越高，除非采取措施提前中止发酵。发酵中止会自然发生，因为过高的糖会抑制酵母活性。高酒精度通常不是酿酒师想要的，因为酒精本身不会提高酒的质量，但较热的气候很难避免高酒精度。在全球气候变暖的当下（姑且不论是否由人类活动造成），葡萄含糖量越来越高，最后的酒精度越来越高，而这绝不是葡萄酒爱好者的喜好。20 世纪中期，葡萄酒的酒精度一般为 12.5%。60 年后，13.5% 已十分常见，而温暖地区 14.5% 并非稀奇，甚至还能找到 15% 的酒。在一些国家，酒精度超过 15% 需要征收额外税款。

　　高酒精度催生了物理降酒精度而不影响酒风味的工艺。反渗透是其中一种技术，但最受媒体关注的是旋转锥体蒸馏技术。这个略带神秘色彩的技术其原理为分组分蒸馏，酒被灌入一系列旋转的锥体，这些锥体将酒分散成一层薄膜，挥发性最强的酒精在较低温时被蒸发出来，而其他组分不受影响。过去英国禁止进口这种技术处理过的法国酒，当时这种技术在英国不被认可，还曾引起过争议。但现在得到修正，任何人都可以享用这种工艺的葡萄酒了。

当然，提高一定量的酒精度是可以的（受法规监管），通过发酵前加入糖能够实现。

酸类
Acids

酸是葡萄酒非常重要的组成部分。如果没有酸，酒的颜色会变得奇怪，口感平淡，陈年潜力也会大打折扣。来自葡萄本身的酒石酸和苹果酸是葡萄酒酸度的主要来源，但酵母在发酵时还会产生更多不同的酸。乳酸和琥珀酸是酒精发酵的直接产物。产生乳酸的第二个途径是苹果酸 - 乳酸发酵，这个发酵过程细菌将苹果酸转化为乳酸。经发酵产生的其他酸有丙酸、丙酮酸、乙醇酸、延胡索酸、半乳糖醛酸、黏液酸（半乳糖二酸）、草酸等。

这些种类繁多的酸可以与醇类反应生成酯类物质。

这些酸之间的化学结构差异要大于不同醇之间的差异，因此更难记住。但酸类的共同点，是带有赋予酸分子特性的羧基（—COOH）。葡萄酒所谓的总酸（TA），是所有这些酸类物质的总和，统一以酒石酸计。

酸度的调整主要在发酵前完成。经验告诉我们，发酵前调酸的效果最好，因为发酵过程在某种程度上能让调整后的酸更好地与酒融合。当然也可以在发酵结束后进一步调酸，包括增酸和降酸。任何情况下，我们强烈推荐做总酸分析以计算正确的增酸量。

酯类
Esters

酯类是酸与醇的反应产物。不少酯类带有浓郁的果香，葡萄本身含有少量酯从而赋予葡萄汁果香气息。更多的酯形成于葡萄酒在厌氧下的成熟过程，但其中一些又被水解为酸和醇，这个阶段发生着太多化学反应。

　　最主要的酯类为乙酸乙酯。乙酸乙酯是由挥发酸产生的物质，因此常被误认为是贬义词，其实这只是描述性词。挥发酸的主要成分为醋酸（醋所含的酸分子）。醋酸是葡萄酒的天然成分，存在于所有葡萄酒中，增加了酒的复杂性。只有当含量过高时，醋酸才会成为一种缺陷，但可以通过良好的管理来避免。

　　醋酸是由于酒精氧化而成，尤其是在醋酸菌的作用下。

$$CH_3CH_2OH + O_2 \longrightarrow CH_3COOH + H_2O$$
$$\text{乙醇} \qquad \text{氧气} \qquad \text{醋酸} \qquad \text{水}$$

　　醋酸菌是有氧生物，需要氧气来维持工作。因此，理论而言这方面的质量控制非常简单：葡萄酒远离醋酸菌和氧气。不幸的是，葡萄上遍布着醋酸菌，大气中 20% 为氧气，所以必须采取措施避免污染。一个设备先进的现代化酒庄应具备去除醋酸菌的过滤设备，以及惰性气体装置（氮气或二氧化碳）用以排除罐和管道中的空气。醋酸菌对二氧化硫非常敏感，因此二氧化硫能够很好地控制醋酸菌，在正确的时间使用正确的量即可快速控制醋酸菌。

　　葡萄酒中较高的挥发酸通常闻起来并不像醋，更像指甲油去除剂或纤维素稀释剂，因为一部分醋酸反应生成了气味更强的乙酸乙酯。这种反应和酒在瓶内成熟所经历的反应相同，被称为酯化反应，即酸与酒精反应生成了挥发性强的酯，因此具有更强的香气。

$$CH_3COOH + HOCH_2CH_3 \longrightarrow CH_3COOCH_2CH_3 + H_2O$$
$$\text{醋酸} \qquad \text{乙醇} \qquad \text{乙酸乙酯} \qquad \text{水}$$

　　欧盟对红葡萄酒挥发酸的含量限定为 1.2 g/L（醋酸计），对于大多数酒都不是问题，因为浓度达到 0.8 g/L 时容易感知到。只有老酒在遵守这个规定时可能有困难，因为挥发酸会随着时间而上升。还有气候热的地区也可能有困难，如地中海东部及北非，较高的温度会使细菌更活跃。

　　白葡萄酒和桃红酒很少出现挥发酸超标的情况，主要因为葡萄皮在早期已分离，而葡萄皮是细菌的主要来源。欧盟对这类酒的挥发酸含量限定为 1.08 g/L（醋酸计），这个指标显得十分宽松，因为这类酒的挥发

酸含量一般在 0.4～0.5 g/L。

其他的酯类可以增加酒的复杂度、果味和典型性。这些酯类产生于厌氧成熟阶段（如瓶储），是各种酸与各种醇的反应产物。其中一些酯类由于水解被拆分，又通过某种方式重新组合，最终成为香气迷人的佳酿。

残糖

Residual sugars

残糖是指发酵结束后残留在酒中的糖。酒精、酸和残糖，三者构成了所有葡萄酒的平衡。发酵自然结束时，大部分糖被酵母消耗完，一般而言干型酒剩 2～3 g/L 糖。一些生产商在干型酒中加入定量葡萄汁生产日常用酒。加入的葡萄汁可以是保存好的葡萄汁或精馏浓缩葡萄汁，后者经浓缩并净化。这种方法可以针对同一基酒生产出干型、半干和甜型酒。甘蔗糖或甜菜糖属于蔗糖，不允许用于发酵前增加含糖量和起泡酒的增甜。

残糖的主要成分是果糖。由于葡萄糖更易通过酵母细胞壁，因此会被酵母优先发酵。所有蔗糖在酸的作用下被转化为等量的葡萄糖和果糖。如果在发酵前加入蔗糖，蔗糖首先被转化为葡萄糖和果糖，接下来所有这些糖被酵母转化为酒精。如果用蔗糖给起泡酒增甜，等开瓶饮用时蔗糖已被消耗完。单从技术而言，使用葡萄汁或蔗糖增甜并无差异，仅是法规问题而已。

根据欧盟的监管习惯，针对不同甜度和干度做了法律定义。人们不禁要质疑这样的立法目的，因为并不针对糖收税，并且重要的是酒的口感而不是分析指标。

针对含糖量的分类容易理解，但对增酸量的限定却复杂而繁琐，即使他们确实了解糖和酸之间的关系。

• 干型酒——总糖不超过 4 g/L。或总糖与总酸（以酒石酸计）的差值不超过 2 g/L，总糖不超过 9 g/L。

• 半干型——总糖不超过 12 g/L。或总糖不超过 18 g/L，总酸不超过 10 g/L 且低于总糖。

- 半甜型——总糖大于半干酒，但不超过 45 g/L。
- 甜型——总糖大于 45 g/L 糖。

有必要说明，残糖有时被称为还原糖，因为残糖基本为葡萄糖和果糖。葡萄糖和果糖都具有还原性，会与氧化性的斐林试剂发生反应。

甘油
Glycerol

甘油（或丙三醇）是发酵的主要副产物，是葡萄酒中继水和酒精之后第三多的物质。甘油源自葡萄中的糖，因此葡萄含糖量越高，产生的甘油也更高，尽管酵母菌种也会影响甘油含量。因此，气候较热的地区所产酒的甘油含量会更高。

自然状态下，纯甘油是一种无色黏稠液体，略带甜味。甘油对葡萄酒的口感有着相当大的作用，能够增加酒体和平滑度，且不会过甜。酒杯边缘出现的"酒脚"现象是由于酒精和甘油的表面张力所致。因此，并不奇怪较热地区的酒有着更明显的酒脚。

受贵腐菌感染的葡萄其糖代谢会产生甘油，再加上发酵产生的甘油，使得贵腐酒极为黏稠细腻。贵腐酒的甘油含量能达到 30 g/L。

醛类和酮类
Aldehydes and ketnoes

乙醛很有意思，既是发酵酒精的前体物质，又是酒精的氧化产物。醇经氧化后生成醛，乙醇经过氧化变成了乙醛。乙醛是葡萄酒最重要的醛，大多数葡萄酒的乙醛占总醛含量的 90% 以上。

乙醛是淡色雪莉酒香气的重要组成部分，但在大部分其他葡萄酒中并不招人喜欢，因为会使酒的香气疲软。此外，乙醛能牢牢结合二氧化硫，将游离态二氧化硫转化为结合态二氧化硫，从而缩短酒的寿命。粗放式酿酒或管理会出现这种情况，导致很难保持游离二氧化硫的浓度，无形中降低了酒的保存潜力。随着近十年酿酒技术的巨大进步，这种问题已不再多见。

酮也是氧化反应的产物，不是乙醇，而是糖复杂代谢的一部分。对葡萄酒（或啤酒）影响最大的酮类物质是双乙酰，这种物质带有浓郁的牛油和烘烤香气。苹果酸－乳酸发酵会大量产生双乙酰，因此经过苹果酸－乳酸发酵的酒会带有这种香气。

不幸的是，酮也会结合二氧化硫，因此和乙醇一样会带来问题。

澄清和下胶
Clarification and Fining

Wine is considered with good reason as the most healthful and the most hygienic of all beverages.

葡萄酒是最健康和卫生的饮品。

Louis Pasteur, 1822—1895

必须澄清处理吗？
Is treatment necessary?

刚发酵完的新酒并不愉悦：浑浊充满了酵母，散发着潮湿的腐味，饮用过量引起肠胃问题。但在这浑浊中潜藏着令人愉悦的健康饮品。只要时间足够，遮盖美丽本质的面纱会自然揭开。如果细心熟练地干预，可以缩短这一过程。

葡萄酒是多种天然物质的混合物，其中大部分物质在不断地变化。无论是现代化的检测和各种现代或传统的处理技术，装瓶后的葡萄酒总会出现悬浮物或沉淀物。这些沉淀可以是蛋白质或酒石酸晶体（两者都是葡萄酒的自身成分），也有可能源自酒中矿物质间的反应或是蛋白质与单宁的反应。可以确定的是，这些沉淀对健康无害，由于酒精和酸的存在，致病微生物无法在酒中生存。

知识渊博的葡萄酒爱好者乐于接受并期待酒中有沉淀，与之相反的是，大多数普通消费者希望酒液自始至终澄清透亮。某种程度而言，这是一种遗憾，因为每次对葡萄酒的工艺处理都会有质量损失。好的酿造原理是对酒最少的处理和干预，即"少干预"。然而，为了满足大多数消费者的要求，有多种处理方法和添加剂可以降低沉淀的出现。这些处理技术用以增加酒的稳定性，保证在喝到最后一滴时仍澄清透亮。

区分这些添加剂很重要，因为一些添加剂会存留在酒里，而另一些被称为加工助剂。后者会与酒中的潜在不稳定物质发生反应，最后被除去。本章所介绍的添加剂都属此类，这些添加剂不应出现在配料表中。然而，很难证明加工助剂在处理酒后零残留，因此使用动物澄清剂处理过的酒不适合素食主义者。

倒罐

Racking

当二氧化碳气泡不再上升，表明发酵结束，在重力作用下可以做第一次自然澄清。酵母死细胞和葡萄中的物质沉降到罐底，形成所谓的"粗酒泥"，这是酒中最初的大颗粒沉淀。粗酒泥不应与酒长期接触，因为粗酒泥会被分解，给酒带来不愉悦的苦味，即"酵母味"。

一旦酒开始变得清澈（在大罐中一般需要 1～2 天），即可将酒液转移走，从而与罐底的酒泥分开。这一过程被称为"倒罐（racking）"，或许来源于古老的英语名词"rakken"，意思是葡萄皮、籽和果梗。

由于这一过程在大型现代化酒厂太慢，所以用离心机来澄清酒液。发酵后离心会有增加酒溶氧的风险，因此离心前往离心机充氮气非常关键。

防止氧化

Protection from oxidation

发酵结束后，葡萄酒失去了二氧化碳的保护而易于氧化，这种状态将持续葡萄酒的一生。好的酿酒师非常重视氧化，并采取措施以避免氧化的发生。

此外，发酵产生的二氧化碳气泡还会带走所有的游离二氧化硫。因此，非常有必要在发酵结束时加入一定量的二氧化硫，以避免氧化对酒的伤害。

调配

Blending

第一次倒灌后，尽管酒还处在原始状态，有经验的酿酒师已经能够判断出成品酒的质量。因此，这个阶段进行第一次品尝，可以初步确定

成品酒的调配方案。

　　无论是葡萄酒贸易者还是普通的葡萄酒爱好者，调配被认为是可疑的操作，一种用以消除次级酒的方法——这是对调配的错误理解。实际上，调配与发酵一样都是葡萄酒生产过程中非常重要的环节。世界上任何地方生产的葡萄酒在装瓶前都经过调配。如波尔多列级庄的正牌酒是采用最好的葡萄藤、最好的地块、最好的橡木桶等所生产的酒调配在一起的结果。有时，在法规允许范围内加入 5% 的其他品种，可以对酒的风格产生很大影响。

　　生产一款价格中等的酒，有可能需要经过一个极为复杂的调配过程，参与调配的酒可能有以下来源：

- 不同的葡萄品种；
- 不同的压榨方法；
- 不同的发酵温度；
- 不同的酵母；
- 在木罐内发酵；
- 在不锈钢罐中储存；
- 在橡木桶中陈酿。

　　通过调配，酿酒师可以最大限度地控制成品酒的风格。酿酒师甚至可以用库房中的酒调配出各种风格的酒。

　　调配必须在澄清和稳定前完成。因为不同酒混合可能会打破之前的平衡，而使酒重新变得不稳定。

下胶
Fining

　　下胶是一种古老的澄清方法，现在仍被广泛使用。下胶有两个目的：防止酒浑浊；去除部分单宁改善酒的平衡。大部分下胶剂的有效成分为蛋白质，目前基本经过提纯处理，对于现在的酿酒师这样更可靠且易于使用。

　　下胶的机制非常复杂，目前仍没有完全了解。葡萄酒含有各种类型的分子以及颗粒，这些大小不一的颗粒各自都带有电荷，有些带正电

荷，而有些则带负电荷。

刚酿好的葡萄酒含有三类主要物质：

1. 简单的分子，如酒精、酸和糖。这些物质溶于酒中，是葡萄酒的必要组成部分，经过各种处理始终存在于酒中。

2. 大颗粒物质，如葡萄碎片、酵母和其他物质。这些物质会使酒变得浑浊，过滤可以完全除去这些物质。

3. 蛋白质。属于大分子物质，但不足以大到形成可见的浑浊，因此过滤机不能滤除。这些物质被称为胶体。

胶体可分为两类：稳定性胶体和不稳定性胶体。稳定性胶体不会产生麻烦，溶解在酒中并一直保持这种状态。实际上，阿拉伯树胶就是一种稳定性胶体，这种被称为"格洛伊（Gloy）"的胶体曾被用于粘连纸张，现在被用于增加酒的稳定性。需要从酒中去除的是不稳定性胶体，因为它们会使装瓶后的酒出现浑浊。

这些不稳定性胶体的分子起初带有相同的电荷。相同电荷的分子相互排斥互不接触，在溶液中保持不可见的溶解状态。随着时间推移，部分蛋白质出现变性，分子结构重组并失去所带电荷，因此能够聚集在一起形成固体物质。虽然完全无毒无害且没有味道，但若要保持酒的澄清透亮，这些胶体必须去除。不幸的是，这些分子太小而无法通过过滤去除，因此只能借助下胶处理。

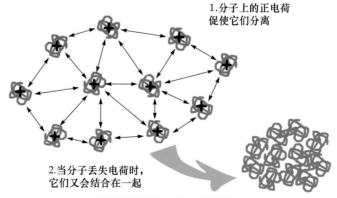

1.分子上的正电荷
促使它们分离

2.当分子丢失电荷时，
它们又会结合在一起

新鲜葡萄酒中自然态的蛋白质

　　下胶操作非常简单，这也是为什么被广泛使用并经久不衰的原因。本质上，下胶与自然澄清有着相同的结果，但前提是要有足够的时间来自然澄清。如果在年轻的酒中加入与酒中分子相反的电荷，这些分子会相互吸引形成固体沉淀，再通过过滤将沉淀去除。

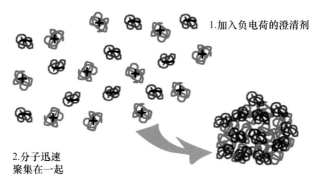

1.加入负电荷的澄清剂

2.分子迅速
聚集在一起

澄清剂的功能

　　去除胶体不能仅依靠过滤，因为胶体分子太小以致最细的滤网也无法拦截。下胶和过滤不能相互替代，但可以相互补充：下胶去除胶体，而过滤去除固体颗粒，这其中包括下胶所形成的颗粒。

　　下胶会出现的一个问题是下胶过量。随着时间推移多余的下胶剂可能会形成沉淀，所以下胶量非常关键。可以通过简单的实验确定下胶是否过量。准备若干瓶等量的酒，往酒中分别添加不同量的下胶剂，添加量依次递增。将每瓶酒混合均匀后静置，观察每瓶酒形成沉淀的位置（见下图），当沉淀不再增加时，便可确定正确的量。

当前量

0.2 g　　0.4 g　　0.6 g　　0.8 g　　1.0 g　　1.2 g

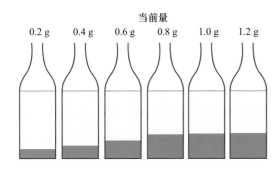

澄清剂实验结果（刻意
放大比例）

最佳添加量应该是正好等于所要去除的胶体蛋白的量。据此计算出整罐酒所需的量，称取所需的下胶剂粉末，溶解于数升酒中，然后加入罐内。下胶剂在罐内与酒液混合均匀，待沉淀集中于罐底时便可将酒转罐。

下胶剂

Fining agents

每种下胶剂有其特有的性质，因此能在不同方面改善酒质。很多下胶剂本身就是天然蛋白：来自鸡蛋白的蛋清；鸡蛋白本身；来源于动物骨头和动物皮的明胶；从牛奶中提取的酪蛋白；从鲟鱼中提取的鱼胶。所有这些下胶剂带有与酒中胶体相反的电荷，因此会相互吸引并形成沉淀而被去除。

一般的素食主义者会接受鸡蛋和牛奶，但严格的素食主义者会拒绝一切来自动物的食物。根据下胶过程的本质，经过处理的酒不再含有下胶物质，因为所有下胶剂与酒中的胶体发生反应而被去除。下胶剂应被视为加工助剂而不是配料。针对这个问题，唯一的解决方案是只使用膨润土或压根不做下胶处理。

- 牛血 *Ox blood*

提起下胶剂，相信大多数人都会想到牛血。然而，自从 1987 年引入葡萄酒酿酒法规以来，这种物质在欧洲不允许使用。牛血的澄清效果好，因而得以广泛使用。其使用方法非常简单，只需向酒中加入动物血再搅匀即可。牛血中的有效物质是一种蛋清，这种蛋白质对于去除浑浊的胶体非常有效。酿酒师们一直使用动物血提取物，直到 1997 年发生了牛海绵状脑病（BSE 或疯牛病），法国因此禁止了牛血的使用。这种病的致病朊病毒非常稳定，能耐受高温，但是否会带入酒中尚不得知。

- 鸡蛋清 *Egg white*

这是一种古老的下胶剂，至今仍广泛用于优质红葡萄酒。鸡蛋白的作用柔和，并能去除一些粗糙的单宁。对于橡木桶下胶一般使用 3～8

个鸡蛋，将鸡蛋打入碗中（去除蛋黄），加入少量酒，搅匀，然后将其加入桶中并搅拌均匀。

鸡蛋白的有效成分是蛋清，现在也有经过提纯的蛋清粉，红白葡萄酒都可使用。虽然在鸡肉中发现了沙门氏菌，但由于酒精和酸的存在沙门氏菌在酒中无法生存。

• 蛋清 *Albumin*

见上文牛血和鸡蛋白。

• 明胶 *Gelatine*

明胶是通过蒸煮动物的皮和骨头，再使用酸、碱或酶处理而制成。明胶的结构和性质与蛋清相似，明胶能与红葡萄酒中的粗糙单宁结合。经过处理的酒变得更柔和也更稳定。

对于白葡萄酒，明胶通常会与二氧化硅溶胶搭配使用。

目前有植物来源的明胶可供选择，因此可以满足不希望使用任何动物来源辅料的酿酒师的需求。

• 鱼胶 *Isinglass (ichthyocol or Col de poisson)*

鱼胶在过去来源于鲟鱼或其他鱼类的鱼鳔，但现在大多是鱼罐头工厂的副产品。这种经纯化的明胶有着柔和的作用。鱼胶主要用于白葡萄酒的澄清，能够给白葡萄酒带来很好的澄清度。鱼胶作为啤酒行业的澄清剂有着相当长的历史。

• 酪蛋白 *Casein*

酪蛋白来源于牛奶，是另一种蛋白质，通常用于白葡萄酒的去色。一些酿酒师更喜欢使用脱脂的牛奶而不是纯的酪蛋白。

• 单宁 *Tannin*

有时单宁会与明胶一起加入酒中，先加明胶后加单宁。这里所说的单宁并不是葡萄酒本来的单宁，而是从橡木中提取的单宁。这种单宁非常苦涩，也正是如此，它们先和明胶形成沉淀，随后将酒里的胶体蛋白

一起带走。

- 膨润土 *Bentonite*

这是一种使用最为广泛的下胶剂。膨润土并非蛋白质，而是一种黏土，这种黏土在美国很多地方都有开采。不应将其与硅藻土混淆，硅藻土是过滤剂而不是下胶剂。

膨润土或蒙脱土，是由火山灰形成的铝硅酸盐黏土。当把膨润土加入酒中，它的微小颗粒带负电荷，由于蛋白质分子在酒中带正电荷，因此是去除蛋白质分子的理想物质。膨润土的一大优点是不会有下胶过量的风险，但需要注意的是膨润土具有很强的吸附能力，因此会减弱酒的果香和口感。此外，膨润土下胶会产生较大体积的沉淀，由于很难回收沉淀中的酒，因此过度使用会导致酒的浪费。虽然膨润土广受喜爱，但应谨慎使用。

- 硅溶胶 *Silica sol (Kieselsol)*

硅溶胶的有效成分是二氧化硅，具有正负两种电荷的胶体形式。硅溶胶一般会与明胶搭配使用，以去除白葡萄酒中其他保护性胶体。与膨润土一样，硅溶胶不是动物蛋白而是矿物质。

- PVPP 聚乙烯聚吡咯烷酮 *Polyvinyl polypyrrolidone (PVPP)*

与其他下胶剂完全不同，PVPP 的主要成分是磨成微小颗粒的塑料物质。PVPP 能去除白葡萄酒中的酚类物质，特别是由氧化引起的粉色反应或褐变。

- 活性炭 *Activated charcoal*

活性炭只允许用于白葡萄酒，用于脱去白葡萄酒的颜色使其变得晶莹透亮。使用时须格外小心，因为它也会影响酒的风味口感。活性炭一般用于伏特加的生产，因为伏特加只需酒精的味道。现在的活性炭带有过滤网。

下胶剂	来源	葡萄酒	去除物质
膨润土	采矿	所有葡萄酒	蛋白质
鸡蛋白，蛋清	鸡蛋	红葡萄酒	单宁
明胶	动物骨头，动物皮	红葡萄酒，白葡萄酒	多酚
鱼胶	鱼鳔	白葡萄酒	单宁
牛奶或酪蛋白	牛奶	白葡萄酒	颜色，单宁
PVPP	人造	白葡萄酒	多酚
硅溶胶	人造	白葡萄酒	胶体

• 过敏物质 *Allergens*

于 2005 年 3 月正式生效的欧洲食品法规 2003/89/EC 在酒精饮料方面引起了一些争议。一方面，权威机构要求将下胶剂标识在酒标上；另一方面，酿酒师们却反驳称这些物质为加工助剂，不会有残留，因此不应出现在酒标上。

这项法规涵盖了所有蛋白性质的下胶剂，因此一旦使用，就必须在酒标上标明。如果说葡萄酒含有过敏原的话，那就错了，但如何证明呢？检测如此低含量的蛋白质非常困难且昂贵。在这项工作上付出了不少努力后，欧洲权威机构终于对鱼胶亮了绿灯，也许归功于啤酒研究协会的工作成果，他们证明了啤酒中没有残留鱼胶。类似的研究在葡萄酒部门还没有得出结论，尚不能证明葡萄酒中没有残留蛋清和酪蛋白。如果到 2010 年底还不能提交证明，就必须在酒标上标明。由于不满这项规定，很多酿酒师已经停止使用这些下胶剂。非常遗憾，因为这些下胶剂的效果非常好。

蓝色下胶
Blue fining

称其为蓝色下胶并不准确，因为它去除的不是引起浑浊的胶体物质，而是去除酒中多余的铁和铜离子的一种化学方法。莫斯林格尔先生（Herr Moslinger）在 20 世纪初发现了这个方法。将氰亚铁酸钾加入酒中与铁离子及铜离子发生反应，形成深蓝色的亚铁氰化铁和亚铁氰化铜沉

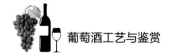

淀。这个简单的方法可以去除葡萄酒中过多的铁和铜离子。

$$K_4Fe(CN)_6 + 2Cu^{2+} \rightarrow Cu_2Fe(CN)_6 + 4K^+$$

氰亚铁酸钾　　　　亚铁氰化铜蓝色沉淀

铁和铜是所有生物的必需元素，存在于土壤和所有食物中，但含量过高会引起问题，因此非常有必要控制葡萄酒中这两种元素的含量。首先，铁和铜都会引起葡萄酒的浑浊甚至固体沉淀。

其次，铜有着更重要的特性即氧化反应的催化剂。催化剂能帮助另一个反应的发生，在没有铜和氧化酶的情况下，葡萄酒的氧化速度非常慢。

最后，监控铜含量的基本原因，是因为当含量较高时铜本身就是毒性金属，食品法规规定铜含量不能超过 1 mg/L。很多酒庄过去使用铜制的泵和发酵罐配件，有些至今仍在使用！这无疑会增加酒的铜含量，因为酒中的酸会腐蚀这些铜锡合金。

只要残留的铁含量很低，这个过程就没有危害。但残留的亚铁氰化物必须去除，因为尽管自身无毒无害，一旦转变成氰化物，可就不是闹着玩了！正因为如此，蓝色下胶必须且只能在有资质的化学家的监督下进行。

蓝色下胶对去除过量铜离子非常有效，这个方法优先去除的是铜离子。该方法可用于任何种类的葡萄酒，且操作简便，唯一需要注意的是在下胶前必须做试验，因为如果受到酒中其他金属离子的干扰，亚铁氰化物的活动有时会变得不可预知。

为了确保酒中无残留的亚铁氰化物，经过处理的酒最好剩余 1~2 mg/L 的铁离子，这些铁离子说明所有的亚铁氰化物都已完全反应，因此没有危险。如果检测结果显示没有任何铁离子，是否残留亚铁氰化物则值得怀疑。

操作步骤如下：

1. 检测酒中铁和铜的含量。

2. 计算亚铁氰化钾的理论需要量。

3. 做预实验，用理论需要量处理酒样。必要时做出调整。

4. 根据酒样量计算亚铁氰化钾的重量，称重。

5. 将亚铁氰化钾溶于水后再加入酒中，最后搅拌均匀。

6. 待沉淀后，将酒转罐以分离深蓝色沉淀，沉淀中含有铁和铜。

很多国家禁止使用蓝色下胶，但在一些国家如德国仍允许使用。它的拥护者声称对酒质不会产生任何影响，在经过诸多实践后，有些酿酒师称其在去除金属离子的同时也带走部分果香，因此不建议使用。最好的控制方法是预防而非治疗，例如，通过减少金属离子的来源加以控制。

植酸钙
Calcium phytate

植酸是一种天然物质，存在于麦糠中。它的钙盐形式可以去除葡萄酒中多余的铁离子，其原理基于植酸铁的不溶性。需要避免酒中残留植酸，因为植酸会与身体里的钙反应。与蓝色下胶一样，处理后的酒最好剩余一些铁离子。法定的最大用量为 80 mg/L。这个方法似乎很少使用。

聚乙烯醇 / 聚乙烯吡咯烷酮
PVI/PVP copolymers

PVI/PVP 是聚乙烯醇 / 聚乙烯吡咯烷酮，是两种塑料材料的聚合体。这种细微颗粒具有吸收铁和铜等金属离子的特性，可以用作蓝色下胶的替代物。使用时有着严格的规定：

- 可用于葡萄汁和葡萄酒。
- 总用量不能超过 500 mg/L。
- 处理后的两天之内必须将其去除。
- 必须在酿酒师的监督下完成。

几丁质 – 葡聚糖和壳聚糖
Chitin-glucan complex and chitosan

几丁质 – 葡聚糖是一种来源于真菌的天然聚合物，是黑曲霉细胞壁的主要成分。这种真菌是食品及医药工业生产柠檬酸的副产物。

这种物质于 2009 年被 OIV 组织允许用于酒的澄清，因为它能使悬浮的蛋白质沉淀。

壳聚糖同样在 2009 年得到 OIV 的许可。作为来源于黑曲霉或双孢蘑菇菌种的天然多糖，壳聚糖具有去除重金属，例如铁、铅和镉的能力。此外，它还能减少赭曲霉毒素 A，并且还具备去除酒香酵母的能力，这个能力简直太棒了！

这些物质似乎需要在一起使用，但由于是最新的产品，可供参考的信息非常少。

Every quotation contributes something to the stability or enlargement of the language.

对语言的每一次引用都会使其更稳固和丰富。

英文辞典

Dr Samuel Johnson, 1755

天然无害？
Natural and harmless?

  葡萄酒在去除不稳定的胶体物质及固体颗粒后变得晶莹透亮。不幸的是，这并不意味着葡萄酒已完全稳定不再出现固体沉淀。酒石酸盐晶体极可能在装瓶不久后出现，尽管这些晶体完全天然无害，但普通消费者不会买账，他们会严重投诉并退货。因此，酿酒师们必须努力避免酒石结晶，想要成功并非易事，这也许是所有葡萄酒生产商面临的最大问题。没有任何供应商能保证他们的产品永远不会出现酒石结晶。

  晶体的形成机理非常复杂，涉及"过度饱和"原理。未发酵的葡萄汁所含的天然酒石酸盐完全可溶，因为其浓度低于饱和态时的浓度。然而，发酵产生的酒精使其溶解度大为降低，当浓度大于溶解度时进入过饱和状态，因此理论上会出现结晶。但这时酒中的胶体物质起到了保护作用，阻止了晶体的产生。这种保护作用只是暂时的，几个星期或几个月后，胶体物质发生变性（性质变化），因而失去了保护作用，结晶才会出现。糟糕的是这些晶体在装瓶后才出现，消费者误认为是"碎玻璃"或"糖结晶"而投诉。

  下面介绍的两种冷稳定处理方法基于同一原理，即一种物质的溶解度在低温条件下会降低。这一原理对于降低酒石酸氢钾含量非常有效，但对酒石酸钙不起作用，因为酒石酸钙的溶解度在温度降低时变化极小。在酒石稳定处理前非常有必要做一次彻底的下胶，因为可以使保护性胶体的浓度降至最低。

冷稳定
Cold stabilization

传统的冷稳定处理方法是将酒冷却至其冰点之上，酒精度 12 度的葡萄酒冰点为 −4℃，而加强型葡萄酒冰点可低至 −8℃。将酒冷却后在保温罐中放置最长 8 天。这种方法成本高，冷却酒需要消耗大量能源，而且保温罐也是一笔大的投资。更重要的是，结果并不总是可靠。

在雪莉产区酒窖的冷稳定装置

酒中悬浮的任何微小颗粒都可以作为晶种而引起结晶，冷稳定处理方法基于此原理。小晶体一旦形成，晶体表面继续形成结晶，晶体逐渐变大。这种方法并不高效，因为所形成的晶体沉于罐底，只有液体的对流能使沉底的晶体与罐中的酒稍微接触。

这种方法的缺点是，酒中的胶体对结晶效率影响很大。胶体对结晶具有保护作用，因而会阻止结晶的形成，从而导致冷处理结束后酒石酸氢钾的浓度没有有效降低，不足以保证酒在装瓶后的稳定。当胶体物质因变性而失去对晶体的保护时，晶体会在瓶内出现。因此在冷稳定处理前做一次下胶的重要性不言而喻。

接触冷处理

Contact process

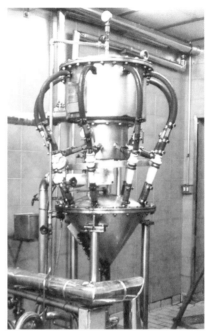

一家著名雪莉生产商的结晶分离器

基于上述静态冷稳定工艺的缺点，人们发明了接触冷处理工艺，这种方法更快、更经济且更有效。这种工艺是往酒中加入微小的酒石酸氢钾晶体，这些晶体充当了酒液的晶种，促进了结晶的生成，接触冷处理因此得名。第一步先将酒冷却，但不必冷却至冰点，冷却至 0 ℃即可。接下来往酒中加入 4 g/L 的酒石酸氢钾晶种，并强烈搅拌 1～2 h。强烈的搅拌使加入的晶种悬浮在酒中，从而与酒液充分接触。充分接触后，晶种由于带出酒中多余的酒石酸盐而越来越大。最后经过冷稳定处理后在低温下过滤，将晶体滤出后回收并磨碎，可继续用于下批酒的稳定处理。

目前最新的技术是连续式接触冷稳定处理，这种技术需要一个锥底罐，晶种集中在锥底上，酒从下往上泵入罐中与罐底的晶种接触，经过处理的酒从罐顶流出。由于罐中晶体不断增多，因此需要定期开罐将部分晶体去除。

离子交换

Ion exchange

离子交换技术用于软化生活用水已有多年历史，这种技术通过离子交换树脂实现。离子交换树脂是一种塑料，树脂上含有弱键连接的钠离

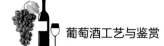

子。硬水中含有大量的钙盐和镁盐，当通过交换树脂颗粒时，硬水中的钙和镁被树脂吸收，而树脂上的钠离子被置换出来进入水中。当交换树脂上的键位被钙和镁饱和时，使用充满钠离子的盐水通过交换树脂即可将钙和镁交换出来并排出。

澳大利亚
离子交换设备

这个原理同样适用于葡萄酒的处理：酒中的钾离子和钙离子与交换树脂上的钠离子互换位置，钠离子进入酒中形成酒石酸钠盐。由于酒石酸钠盐的溶解性远远大于钙盐和镁盐，所以这种方法可以有效地避免酒石酸晶体的形成。因此，离子交换技术是防止结晶的形成，而冷稳定处理则是将多余的酒石酸盐去除。

不幸的是，从健康角度而言，用钠离子替换钾离子并非明智之举。众所周知，摄入过多的盐对身体有害，尤其是心脑血管方面，因此我们常被劝说不要在食物中加入过多的盐。另一种盐如氯化钾，不失为减少身体中钠盐的有效方法。葡萄酒是一种富含钾离子的饮品，可以作为钾离子的食物来源。同样是补充钾离子，喝葡萄酒要比吃氯化钾药片愉快得多！除了给我们带来快乐，葡萄酒还给我们带来了健康。离子交换技术用不受欢迎的钠离子替换了健康的钾离子，欧盟禁止这种技术也就不足为奇了。然而，离子交换技术却出现在了欧盟（EC）No 606/2009法规的1A #43附录中："离子交换技术可以用于葡萄酒的酒石酸稳定处理"，目前允许在欧洲使用。

电渗析
Electrodialysis

　　电渗析是一种比较新的技术，采用特殊的选择性膜，这种膜在电极作用下能让钾离子、钙离子以及酒石酸根离子通过。可以通过不间断地检测酒的导电性来控制整个处理过程。

　　这些膜可以定制，以达到不同的目的。这种技术的主要缺点是成本高，所以只适用于大型酒厂。

　　相比冷处理，电渗析有以下优势：

- 能耗更低。
- 针对每款酒可定制调整。
- 同时去除酒石酸钾和酒石酸钙。
- 葡萄酒不需过多的前处理。
- 处理结果非常可靠。

波尔多大型灌装厂的电渗析装置

偏酒石酸
Metatartaric acid

偏酒石酸是一种没有固定结构的奇特物质，可以通过在密闭容器中高温处理酒石酸而获得。在这一过程其分子发生了部分聚合或连接在一起。偏酒石酸可以防止酒石酸晶体的出现，在水和葡萄酒中都有良好的可溶性，其作用机理目前仍然未知。人们认为偏酒石酸可以将酒中的微小晶体包裹起来防止其发展成可见的晶体。相比于一些酒石稳定处理的不确定性，偏酒石酸的确是一个不错的选择，有效且成本低。

这似乎是确保酒石稳定的完美选择。然而不幸的是，偏酒石酸不稳定，在溶液中会逐渐变回酒石酸进而可能引起更多的酒石酸晶体沉淀。这一过程在温度较高时发生较快，因为根据常识，温度越高化学反应速度越快。25℃条件下，偏酒石酸的有效寿命为 6 个月，温度为 10℃时，它能保持 18 个月。因此，对于盒装酒（Bag in box）偏酒石酸是理想的选择，因为盒装酒的消费周期为 12 个月。在这种包装中出现酒石酸晶体的后果非常严重，因为会引起漏酒并因此遭到家具或地毯商的投诉。所以这种产品不能用于需长期在瓶内陈酿的酒。

在无法做冷稳定处理的情况下，比如没有资金安装冷却设备的小酒庄，偏酒石酸会发挥作用。此外，一些大型现代化酒厂的酿酒师们认为，冷稳定处理会影响酒的品质，因此更愿意使用偏酒石酸。

在欧盟，偏酒石酸的限制用量为 100 mg/L。这也是实践中的正常用量，如果低于此用量处理意义不大。

羟甲基纤维素钠（纤维素胶）
Carboxymethylcellulose (Cellulose gums)

羟甲基纤维素钠和偏酒石酸有着相似的作用机理，通过覆盖小晶体上的潜在结晶位置而防止结晶的形成。这种产品的优点是作用时间比偏酒石酸长（见上文）。欧盟规定的最大用量为 100 mg/L。

甘露糖蛋白
Mannoproteins

　　人们很早就发现，带酒泥陈酿的酒有着更好的酒石稳定性。在葡萄酒模拟溶液的实验发现，使酒更稳定的物质为甘露糖蛋白，这种物质通过酵母的自溶作用产生。甘露糖蛋白作为保护胶体，覆盖在晶种表面从而阻止结晶生成。通过酶解酿酒酵母的细胞壁进行商业生产甘露糖蛋白。经提纯后，甘露糖蛋白为白色粉末状，溶解后无色无味。欧洲和阿根廷允许使用甘露糖蛋白，目前正在通过美国和澳大利亚相关机构的试验。甘露糖蛋白必须在装瓶前一天加入酒中并充分混匀，一般用量为200～250 mg/L。与偏酒石酸不同，甘露糖蛋白的效果非常持久，因为蛋白质分子相对稳定。

最小干预
Minimum intervention

　　尽管以上处理方法在正确使用情况下，都不会对葡萄酒的品质造成明显损失。但对酒的处理降到最低仍是最好的酿造哲学。"最小干预"无疑是最好的方法，无论对酒的影响有多小，每一次处理酒的品质都会有所损失，并且会增加成本。

　　如果我们能够说服大众，瓶内有沉淀说明是最少的干预，并且处于更自然的状态，那么我们都将是赢家。

The best use of bad wine is to drive away poor relations.
坏酒最适合驱赶狐朋狗友。

法国谚语

与其他食品添加剂一样，葡萄酒添加剂同样受到法规的严格控制，每个国家都有各自的食品法规。上市的葡萄酒应该非常稳定，除了抗氧化及抗微生物的添加剂，不需其他添加剂，甚至这些都不用添加。从食品安全角度看，令人欣慰的是，由于葡萄酒含有酒精和天然酸，致病菌无法在酒中生存。

本章所讨论的物质是真正的添加剂，也就是说这些物质一直存在于酒中直到酒被饮用。因此可以称其为添加剂，并且应出现在配料表中（如果列表是强制性的）。葡萄酒的配料表问题在欧洲已争论多年，部分原因是无法确认该物质是否一直存在于酒中，还是仅仅为加工助剂。此外，许多葡萄酒（尤其是餐酒）都经历过调配，不同的调配使得不同批次的配料存在差异，因而很难统一产品配料表。目前（2010年），仍没有法规要求葡萄酒标识配料表。相反，法规也不允许酒标上出现配料表，因为配料表不属于酒标上的可选项。

二氧化硫
Sulphur dioxide

二氧化硫是最有用的添加剂，几个世纪前就已经被用作添加剂，那时人们还不了解其作用原理。硫是一种化学元素，其符号为 S，呈淡黄色易碎岩石状，存在于火山地区的地壳中。奇妙的是，硫被点燃后会产生蓝色火焰，并且熔化成橙色黏稠液体，与此同时会产生一种刺鼻的有毒气体，呼吸过量会引起如哮喘等严重的呼吸问题。

产生的气体为二氧化硫，化学方程式如下：

$$S + O_2 = SO_2$$

二氧化硫可溶于水，并与之反应生成亚硫酸：

$$SO_2 + H_2O = H_2SO_3$$

这就是所谓的"酸雨"的形成过程。英格兰的发电厂在处理废气之前通过这个反应形成了大量酸雨。燃料中残留的硫在炉子中燃烧形成二氧化硫，然后被排放到大气中。人们认为这些二氧化硫气体飘至斯堪的纳维亚半岛后溶于雨水，最终产生硫酸，毁掉了那里的针叶林。鉴于所发生的污染，这些发电厂正在安装昂贵的设备以去除废气中的二氧化硫。

酿酒师们常说的"加硫"其实并不准确，因为添加的不是硫，而是二氧化硫。毫无疑问，这种习惯是早在化学工业诞生前，人们通过直接燃烧硫获得二氧化硫而养成的。过去人们在清洗桶后再点燃硫块放入桶中以消毒（现在仍在使用）。硫块燃烧产生的二氧化硫气体溶于桶内残留的水因此而消毒。

尽管仍在使用熏硫，而现在获得二氧化硫更方便的方法是使用偏重亚硫酸钾，一种化学式为 $K_2S_2O_5$ 的白色粉末状物质。这种物质在溶于酸性水溶液时会释放二氧化硫，而葡萄汁和葡萄酒恰好提供了酸性条件。释放的二氧化硫量为偏重亚硫酸钾重量的 57%。此外，市面上还可以买到罐装纯液态二氧化硫，纯液态二氧化硫可以直接定量加入酒中（这一操作甚至可以实现自动化）。这种方法非常利于向酒中直接添加二氧化硫，当配备定量设备时，可以准确加入需要的量。

二氧化硫在浓度较高时具有毒性，但如果用量正确则无毒无害。作为抗氧化剂和防腐剂，二氧化硫被用于很多食品中，如干果、果汁、新鲜水果沙拉、香肠、去皮土豆等食品。世界卫生组织的一项研究结果表明，目前用于食品的二氧化硫用量均在安全水平范围内。在欧洲，葡萄酒的合法添加剂为：

E220 二氧化硫；

E224 偏重亚硫酸钾；

E228 亚硫酸氢钾。

给橡木桶消毒灭菌的固体硫黄颗粒　　燃烧的硫黄会产生二氧化硫气体

应当指出，偏重亚硫酸钠和亚硫酸钠不能用于葡萄酒，尽管它们作为防腐剂在水果汽水和其他饮料中应用广泛。曾经有人不慎食用二氧化硫超标的水果沙拉而身亡，所以监控二氧化硫含量的重要性不言而喻。

尽管非常有用，但二氧化硫有一个缺点——会引起一些消费者的过敏反应，如哮喘和其他过敏。这样的消费者必须注意，大多数葡萄酒含有二氧化硫。美国的商标法也因此强制要求在酒标上标注"酒中含有二氧化硫"字样。从 2005 年 11 月 25 日开始，在欧洲所有二氧化硫含量超过 10 mg/L 的葡萄酒必须标明"含亚硫酸盐"或"含二氧化硫"等字样。实际上，这意味所有葡萄酒都必须标注，因为酵母在发酵过程中自身会产生二氧化硫，而这部分二氧化硫已超过规定限额。

另一个缺点是，二氧化硫会使红葡萄酒褪色并导致部分果香损失，尽管果香和颜色会因为二氧化硫含量随着时间下降而得到部分恢复。好的酿酒师使用二氧化硫时总会保持节制。

二氧化硫之所以应用如此广泛，是因为有着四种截然不同的特性：

（1）抗氧化　二氧化硫最主要的用途是防止氧化，即抗氧化性。目前，酿酒师们意识到想要保留果香必须将氧化控制在最低水平。

二氧化硫的抗氧化特性是因为它很容易与氧气结合，因此可以在氧气对葡萄酒造成伤害前提前将之去除。这个反应的产物是我们学生时代所熟知的硫酸。虽然硫酸存在于酒中总令人觉得不合适，但其浓度极低

（百万分之几）因此无害。只有在浓度较高时才会有危险和腐蚀性。

$$H_2SO_3 + [O] = H_2SO_4$$

（此化学方程式经过简化，仅用于显示二氧化硫的作用原理，其中的某些细节并未展示。）

虽然二氧化硫可以消除酒中所有的溶解氧，但这个反应并非立即发生。反应发生前，葡萄酒中的二氧化硫和氧气可能会共存，这就构成了危险。正是在这段时间氧气对酒造成损害，因此最好是确保酒与氧气不接触，小心处理并排除所有空气。二氧化硫无法弥补因不良操作造成的损失。

二氧化硫为了保护葡萄酒而自我牺牲，所以在酒的各项处理和操作中必须经常检查二氧化硫含量。每个氧分子会消耗一个二氧化硫分子，所以酒中的二氧化硫含量在不断下降。装瓶前的准备工作尤其关键，为了保证每瓶酒的质量（特别是日常用酒），必须保证酒中含有足够的二氧化硫。

（2）防腐剂（抗微生物）　人体伤口的腐烂是由于细菌对伤口周围组织的感染，这些组织成为细菌营养和水分的温床。当伤口使用抗菌素，细菌会被杀死。二氧化硫对葡萄酒中的细菌有着一样的效果：醋酸菌是对酒造成危害最常见的细菌，它们将酒变成醋，庆幸的是二氧化硫可以轻易地将其杀死。

醋酸菌属于好氧菌，需要氧气来维持生存。在过滤后立即添加二氧化硫是处理受感染酒的最好方法。二氧化硫对细菌是一种双重打击，因为在毒害醋酸菌的同时清除了其赖以生存的氧气。

二氧化硫的防腐性也被用于防止苹果酸 - 乳酸发酵。在这种情况下，二氧化硫会攻击乳酸菌，一种能将苹果酸转变为乳酸的细菌。

酵母对二氧化硫的抗性更强，但这种抗性会因菌株而异，这种抗性的差异成为选择菌株的一种依据。发酵前添加二氧化硫有利于限制野生酵母的活动，而抗性更强的酿酒酵母在早期便占据优势，这让发酵更顺利、更安全。

人们普遍认为装瓶前添加二氧化硫是用于防止再发酵，其实这是个认识误区。无论是出于口感原因还是总二氧化硫浓度必须低于法定标准，酿酒酵母可以忍受的二氧化硫浓度远高于葡萄酒法定允许的浓度。一些微生物可能会因二氧化硫而降低繁殖速度，但添加二氧化硫最主要的原因是其抗氧化性。

（3）抑制氧化酶　二氧化硫的第三个特性与酶有关。在没有催化剂的情况下，水果和果类产品的氧化是一个缓慢的过程。然而，我们从一些水果中观察到，如苹果一旦被切开很快会出现褐变，这表明一定有什么东西可以加速这个反应。事实上，这种加速氧化反应的催化物质的确存在，被称为氧化酶。

二氧化硫对氧化酶有抑制作用（氧化酶有多种类型），极大地降低了氧化速率，进一步增加了其抗氧化性能。事实上，在新鲜水果沙拉等产品中，二氧化硫被用于防止白色果肉类水果（如苹果和梨）的褐变。二氧化硫在白葡萄酒中具有相同的功效，防止白葡萄酒的褐变。

（4）氧化后的补救　二氧化硫以上三种性能都是预防性的，这里要介绍的第四种性能为补救性能。二氧化硫可以使遭受轻微氧化而略显疲惫的酒重焕活力。这种情况下的葡萄酒因不当操作失去了全部游离二氧化硫。这时首先应对酒进行分析，然后据此加入适量的二氧化硫以恢复到正常水平。这时加入的二氧化硫不仅能预防酒的氧化，还能对酒的感官特性产生积极作用。

这其中的原因是，酒精被氧化的主要产物为乙醛（产生雪莉酒氧化型香气的主要成分），当酒遭到轻微氧化，加入的二氧化硫会与乙醛结合生成无臭无味的化合物，氧化味因此消失，葡萄酒得以重获青春。

$$CH_3CH_2OH + [O] \rightarrow CH_3CHO + H_2O$$
乙醇　　　　　　　　乙醛

$$CH_3CHO + SO_2 \rightarrow 无味的亚硫酸结合物$$

必须注意的是，二氧化硫不是包治百病的"魔法药水"，二氧化硫只能保持质量而不能创造质量。正确的酿造技术和操作在任何时候都无比重要。

- 游离二氧化硫和总二氧化硫 *Free and total sulphur dioxide*
    谈到二氧化硫就不得不引入"游离和总量"的概念，这是酿酒师们的常用词汇。想了解游离二氧化硫和总二氧化硫的意义，就有必要了解一些化学知识。

二氧化硫是一种活性物质，它不仅能与氧气结合，还能与酒中其他天然物质结合，如糖、醛和酮。一旦与这些物质结合，二氧化硫就变成了结合态（或固定态二氧化硫），此时的二氧化硫不再有保护作用。与良好状况的葡萄酒相比，粗放生产的酒和氧化的酒其醛和酮的比例较高，从而导致酒中更多的二氧化硫变成了结合态。二氧化硫结合得越多，其对酒的保护能力就越低。

二氧化硫 + 醛或酮 → 亚硫酸结合物

理论上，没有被结合的那部分二氧化硫被称为游离二氧化硫。这正是对酒产生保护作用的活性物质。

游离二氧化硫和结合态二氧化硫的总和构成了总二氧化硫，这也合乎逻辑。

游离二氧化硫 + 结合态二氧化硫 = 总二氧化硫

总二氧化硫的允许量由欧盟法律规定。人的肠胃提供的酸性及温暖环境，会使二氧化硫从结合态释放出来，若其浓度高于安全标准，会对身体造成损害。根据法规，含糖量小于 4 g/L 的葡萄酒其总二氧化硫不能超过 150 mg/L。红葡萄酒含有天然抗氧化物质如多酚，因此具有一定的自我保护能力。白葡萄酒缺少这种自我保护，因而需要更多的二氧化硫。所以白葡萄酒的总二氧化硫限量比红葡萄酒高出 50 mg/L。此外，由于糖也会与二氧化硫结合，所以对于含糖量不低于 5 g/L 的葡萄酒，总二氧化硫的限量又比白葡萄酒高出 50 mg/L。

自然甜型葡萄酒的总二氧化硫限量更高。以下是每种酒的详细二氧化硫限量。

欧盟葡萄酒的二氧化硫限量：

• 干红葡萄酒 150 mg/L；

• 干白及桃红葡萄酒 200 mg/L；

• 含糖量高于 5 g/L 的红葡萄酒 200 mg/L；

• 含糖量高于 5 g/L 的白葡萄酒 250 mg/L；

• 德国晚收葡萄酒，超级波尔多白葡萄酒 300 mg/L；

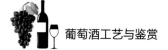

• 德国串选白葡萄酒 350 mg/L；

• 德国甜型酒，德国粒选甜型酒，奥地利贵腐酒，苏玳贵腐酒，法国卢瓦尔河谷利口酒，超级格拉夫等 400 mg/L。

多年前酿造工艺还很落后，由于管理粗放葡萄酒含有较多可与二氧化硫结合的物质。在不超过法定限量的前提下很难将游离二氧化硫维持在足够的浓度，并且那时的二氧化硫限量要高于现在。庆幸的是，情况已大大改善，这不再是个问题。逐渐降低的二氧化硫法定限量无疑促进了欧洲酿酒师们不断改进技术。

• 分子态二氧化硫 Molecular sulphur dioxide

二氧化硫的故事还有很多，因为游离二氧化硫还不止一种形式。其中的化学机理相当复杂，而我们没有必要详细了解，只需要知道一个分子会被分解为一个正离子和一个负离子就够了。

二氧化硫溶于水或酒时发生反应生成亚硫酸。但亚硫酸在溶液中并不只以分子态 H_2SO_3 存在，而是三种不同的形式。在葡萄酒的 pH 条件下，亚硫酸的主要形式为亚硫酸根 HSO_3^-。

$$SO_2 + H_2O \rightleftharpoons H^+ + HSO_3^-$$

这个化学方程式中的双向箭头表示反应可以向两个方向发生，后两种离子也可以重新组合，形成水和二氧化硫分子。这种反应被称为化学平衡，因为反应中的 4 种物质同时存在。酒中除含有离子态的二氧化硫还含有未被离子化的二氧化硫分子，也就顺理成章地被理解为分子态二氧化硫。只有分子态的二氧化硫才具有保护作用，离子态的没有。分子态二氧化硫在酒中发挥着重要作用，它们消耗酒中的氧分子，杀死微生物，抑制氧化酶并使酒重新焕发活力。

这个反应的化学平衡受溶液 pH 的影响。pH 较低时，反应偏向左边；而较高的 pH 使反应偏向右边。由此可见，分子态二氧化硫的比例会随酒 pH 的降低而增加，也就是说越酸的酒分子态二氧化硫的比例越大。因此酸度较高的葡萄酒所需要的二氧化硫添加量要低于低酸高 pH 的葡萄酒。真正科学的酿酒师会根据酒的 pH 来确定二氧化硫的添加量。

抗坏血酸

Ascorbic acid

抗坏血酸是维生素 C 的化学名称，存在于许多新鲜水果和蔬菜中。维生素 C 的抗氧化特性在我们的饮食中扮演着重要角色，保护我们的身体免受氧气的影响，并帮助延缓衰老。抗坏血酸具有强大的抗氧化性能，因此被用于无氧酿造工艺。

使用抗坏血酸的风险，在于当它被氧化时生成过氧化氢，而过氧化氢是一种极强的氧化剂。更糟糕的是，抗坏血酸的氧化产物呈深褐色，因而使葡萄酒的颜色比原来更暗！因此，抗坏血酸有时反而会成为灾难。所以不能将其视为二氧化硫的替代物，而是一种补充。

可以有效避免这种风险的方法，是确保二氧化硫同时存在。二氧化硫对抗坏血酸起保护作用，在这种条件下，抗坏血酸确实会为葡萄酒带来额外的保护。很多有经验的酿酒师已习惯使用抗坏血酸，尤其是在白葡萄酒生产国，如德国、新西兰和澳大利亚，如果使用得当，它能保持葡萄酒超级新鲜。

抗坏血酸有一种同分异构体（同分异构体是分子式相同而其中原子的排列顺序或空间结构不同），为异抗坏血酸。在澳大利亚由于异抗坏血酸价格更便宜，而且功能相似，因此替代了抗坏血酸。然而，欧盟禁止销售使用了异抗坏血酸的葡萄酒，其中包括澳大利亚的葡萄酒。

作为维生素 C，抗坏血酸对身体有益而无害。人体可以消化任何量的维生素 C，多余的量会经尿液排出。美国化学家莱纳斯·鲍林（Linus Pauling，1901—1994）曾经建议人们每天服用一小茶勺的维生素 C 以预防感冒。因此欧盟将其在葡萄酒中的用量限制在 150 mg/L 似乎有点奇怪，也许唯一的不良反应是腹泻！

山梨酸

Sorbic acid

山梨酸有一项可以用于葡萄酒酿造的功能：阻止酵母发酵，因此山梨酸作为添加剂在装瓶前加入，防止瓶内再发酵。山梨酸不会杀死酵母，只是阻止酵母的新陈代谢来阻止发酵，因此它并不是杀菌剂。由于

山梨酸不杀死酵母，酵母得以继续繁殖，最终可能产生絮状沉淀而遭到顾客投诉。但避免了由于瓶内再发酵而引起更为严重的浑浊和爆塞。

山梨酸的作用需要二氧化硫、酒精和酸三者同时存在，而一般的葡萄酒都可以满足。当酒精度较低时，山梨酸的效果也会降低，因此需要更高的添加量。欧盟的限量为 200 mg/L，在这一浓度人们可以品尝到山梨酸的存在（有些人可以在更低的浓度品尝出），所以大部分葡萄酒只添加 150 mg/L。如果按这一浓度添加，需要至少 12% 的酒精度才能阻止发酵。一些葡萄酒只有 10.5% 的酒精度，150 mg/L 的山梨酸几乎起不到任何作用。残糖越高的酒再次发酵的风险越大，如一些德国甜酒，若在装瓶时按上述浓度添加则没有任何意义。

尽管一直在介绍山梨酸，但实际使用的是山梨酸钾。山梨酸钾易溶于酒，在酒中酸的作用下形成山梨酸。纯固态山梨酸很难溶解。

要特别注意，山梨酸没有杀菌作用，因此只能在无菌灌装前添加。同时，某些细菌会将其代谢从而产生天竺葵（准确地说是天竺葵属植物）叶子的味道，这种气味的分子为 2- 乙氧羰基 -3,5- 己二烯。一旦出现这种问题，葡萄酒只能销毁。因此对于含有山梨酸的葡萄酒，必须确保完全没有细菌。

很多葡萄酒经销商拒绝添加了山梨酸的酒，不是出于健康问题的考虑，仅仅是希望减少使用添加剂，因此山梨酸的使用在逐步减少就不足为奇了。这种产品不应该是必需品，因为细心地过滤和良好的卫生条件足以确保无菌灌装。使用山梨酸是对灌装过程缺乏自信的表现。

偏酒石酸
Metatartaric acid

偏酒石酸具有防止瓶内形成酒石结晶沉淀的功能，但作用时间有限。尽管它的功能得到普遍认可，但其作用机理仍然未知。

柠檬酸
Citric acid

柠檬酸是来自柑橘类水果的天然酸，对身体完全无害。当葡萄酒中的铁含量过高，而又不能进行蓝色下胶，柠檬酸将是不错的选择。加入酒中的柠檬酸会与铁离子形成可溶的络合物，从而防止铁与酒中的磷酸根离子反应形成沉淀。这种方法比蓝色下胶简单，但铁离子并没有被去除，而只是形成了络合物。

虽然有些国家允许使用柠檬酸来增酸，但柠檬酸并不是葡萄汁的天然成分，欧盟不允许用柠檬酸来增酸，因此柠檬酸在欧盟的限定量为 1 g/L。柠檬酸一般在发酵结束后添加，因为酵母会代谢柠檬酸并产生醋酸，导致葡萄酒的挥发酸升高。所以绝不能在葡萄汁中添加柠檬酸。

硫酸铜或氯化银
Copper sulphate or silver chloride

在不锈钢设备大行其道的现在，颇具讽刺意味的是，还原味（肮脏的下水道味或臭鸡蛋味）的出现比过去铜制设备的年代更加频繁。原因在于那些老式的铜制设备，例如泵和软管接头可以去除硫化氢。对于无氧酿造工艺，氧气不允许接触葡萄酒，从而加剧了二氧化硫被还原成硫化氢。此外，不少酵母会分解某些含硫化合物而产生硫化氢。完全不使用铜制品意味着缺少作为"清洁剂"的铜离子。

这时，向酒中添加硫酸铜不失为一种有效的处理方法。中学化学课上已认识了硫酸铜这种美丽的蓝色晶体。添加硫酸铜前必须仔细计算添加量，否则会残留过多的铜离子而需要做蓝色下胶。经过处理后的葡萄酒其铜含量不能超过 1 mg/L。

铜的有效性通过在品酒室的小试验得以验证。当酒样出现肮脏的下水道的气味或臭鸡蛋味时，将酒倒入杯中，再向杯中加入一枚铜硬币（如英镑中的 1 便士、2 便士硬币，或欧元中的 1 分、2 分），搅动约 1 min。如果不良气味消失，香气恢复正常，则可以认定不干净气味来自硫化氢。硬币中的铜在酸的作用下与硫化氢反应生成硫化铜沉淀。如果香气没有改善，则不良气味另有来源。

氯化银在 2009 年被欧盟加入可使用的辅料列表，其使用目的与硫酸铜完全相同。

阿拉伯胶
Acacia (Gum arabic)

　　阿拉伯胶，或阿拉伯树胶是一种洋槐树的提取物。洋槐树是一种原产于苏丹的灌木，被用于生产胶水而广为人知。阿拉伯胶的化学本质为多糖，并且与葡萄中的多糖也有关系（多糖是由简单的糖分子组成的大分子）。阿拉伯胶属于稳定性胶体，并且可以稳定其它不稳定性胶体的性能。阿拉伯胶被用于葡萄酒生产的历史非常古老，一般用于年轻消费的葡萄酒，以减缓色素物质的沉淀析出。

　　要记住，只有在冷稳定结束后才能加入阿拉伯胶。因为是一种稳定性胶体，防止在冷处理过程中产生结晶。

酶
Enzymes

　　酶是非常有用的物质，却很难对其定义。它们不是生命机体，因为不能自我繁殖。所以酶不能说被杀死，但可以被抑制。

　　所有的酶都是催化剂，所有的生命都依赖于酶。如果将其摧毁，生命因此终止。氰化物致命的原因是毒害了人体内的酶。

　　但什么是催化剂？催化剂是一种能使化学反应进行的物质，但其本身并不参与反应。酶能提高化学反应的速度。

　　在英文名字中，酶的名称都以"-ase"结尾。举个例子，能促进氧化反应的酶被称为氧化酶，英文为"oxidases"。

　　酶可以用于葡萄酒酿造的不同阶段，有时从葡萄进入压榨机开始进行添加。在其他阶段如葡萄醪或后期都可使用。

• 果胶酶 *Pectinolytic enzymes*

　　葡萄含有各种果胶和树胶，这些胶体增加了葡萄汁的黏度，降低了出汁率，并且增加了葡萄汁的澄清时间。

　　这些果胶类物质为含有长链的复杂大分子，并且有很多分支，从而有助于保持细胞结构。从一些霉菌中提取的果胶酶可以将果胶的长链拆分为较短的单元。压榨阶段加入果胶酶可以有效降低葡萄汁的黏稠度，从而提高出汁率。

然而，许多酿酒师发现，压榨阶段使用酶会降低葡萄汁的品种特性，使最终的酒变得平淡无奇。如果果胶酶在压榨后添加，其效果会好。在这一阶段，降低葡萄汁的黏度可以提高澄清效果。

• β-葡聚糖酶 *Betaglucanase*

在一些天气欠佳的年份，葡萄往往饱受灰霉病的攻击，这种长了霉的葡萄含有另一种长链分子，被称为 β- 葡聚糖。这种物质会阻塞所有的过滤膜，因此会给过滤带来巨大麻烦。要除去这种物质，可以选用另一种酶，即 β- 葡聚糖酶。这种酶来源于另一种真菌哈茨木霉（*Trichoderma harzianum*）。这种酶通常在发酵结束后添加。

当 β- 葡聚糖存在于酒中，另一种克服过滤问题非常简单的方法是将温度升至 25℃，β- 葡聚糖分子此时的形状发生改变，从而快速降低酒的黏度，提高其过滤性。

• 溶菌酶 *Lysozyme*

溶菌酶存在于大多数动物的保护液中（眼泪、唾液和黏液），具有降解细菌细胞壁并杀死细菌的功能。溶菌酶的商业化生产来自鸡蛋白。溶菌酶只对革兰氏阳性细菌有作用，包括酒球菌、戊糖片球菌和乳酸杆等。使用溶菌酶的目的在于防止或至少推迟苹果酸－乳酸发酵。溶菌酶对像醋酸菌这样的革兰氏阴性细菌以及酵母没有作用。

由于溶菌酶对葡萄酒中某些细菌的作用，因此可以降低二氧化硫的用量。

红葡萄在破碎时添加溶菌酶，可以控制发酵前的细菌。在发酵困难或发酵中止的葡萄酒中添加溶菌酶，可以减少由于乳酸菌导致的挥发酸上升的风险。另外，在苹果酸－乳酸发酵结束后添加可以降低二氧化硫的用量。

接下来要介绍的两种酶不是添加剂，而是存在于葡萄汁中。为了全面介绍酶类物质，而将这两种酶列于此。

- 漆酶 *Laccase*

这种酶存在于受到灰霉菌危害的葡萄。作为多酚氧化酶中的一员，它能促进葡萄酒的氧化反应，将其颜色变为深黄色或褐色。即使葡萄酒含有足量的二氧化硫也无法将其阻挡。对红葡萄酒而言是一个特殊问题，因为漆酶能破坏红色色素。一种解决办法是加入超出正常量的二氧化硫，或巴氏杀菌，但这显然不适合优质葡萄酒。

- 酪氨酸酶 *Tyrosinase*

这也是一种多酚氧化酶，在健康的葡萄中也会存在，但只需正常量的二氧化硫即可将其抑制。这不是个大问题，但所有酿酒师都应有所了解。

每个葡萄酒生产国都有其合法的处理方法及添加剂清单。欧盟葡萄酒的生产辅料完整列表可在第 606/2009 号条例——细则及其修订版的附录中找到。HM Stationery Office 书店有售，网上也有在线版本：

http://eur-lex.europa.eu/LexUriServ/LexUriServ.do?uri=OJ:L:2009:193:0001:0059:EN:PDF

过　　滤
Filtration

第 16 章
Chapter 16

Pretty! In amber to observe the forms of hairs, or straws, or dirt, or grubs, or worms!
The things, we know are neither rich nor rare, but wonder how the devil they got there.
观察琥珀中的毛发、稻草、泥土或昆虫时，它们的美丽让我们惊叹！这些东西既不丰富也不稀有，但不知它们是如何进去的。

Alexander Pope, 1688—1744

　　过滤或许是葡萄酒工艺中最具争议的一项操作。有些酿酒师坚持认为过滤对酒百害而无一利，而另一些酿酒师则认为如果操作合适，过滤不会有任何影响。事实上，如果经验丰富且细心操作，过滤对葡萄酒不会有明显伤害。相反，对于自然酒，过滤只是可选工艺。

　　对于传统葡萄酒，过滤不是必要操作，因为本质上葡萄酒在装瓶后已经稳定。酵母和细菌会在营养和氧气的双重短缺下死亡。如果软木塞质量可靠，氧化将得以避免，葡萄酒将在成熟过程中走向生命的尽头。

　　过滤技术有很多种，可以用于不同目的。粗过滤能使浑浊的酒变得澄清。必要时还可使用精细过滤以去除酒中的所有微生物。如果是含有少量残糖的半干或半甜葡萄酒，则需要采用无菌灌装，并确保酒中不存在酵母以防止出现瓶内再发酵。这时，过滤就变得必不可少。

　　最大的危险是对过滤的过度狂热，如使用过于细密的过滤板或采用静脉注射液过滤标准的滤膜来过滤葡萄酒。选择合适的过滤系统可以很好地为生产优质商业酒服务。许多大型零售商坚持要求葡萄酒零微生物，这意味着必须使用所谓的无菌过滤。

　　通常遵循分级过滤的原则。首先使用粗过滤去除较大的颗粒，然后逐步经历更精细的过滤，直到葡萄酒达到装瓶标准。若一开始精细过滤，则大量的固体悬浮颗粒很快会阻塞滤网。而错流过滤不存在这种问题。

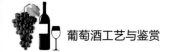

过滤的原理
Principles of filtration

过滤技术分为两大类，深层过滤和表层过滤（或绝对过滤）。

深层过滤，是因为固体颗粒被拦截在过滤介质的内部而非表面上。过滤介质的厚度要比被过滤颗粒的直径大很多倍，因为过滤通道大多比颗粒本身大。这些通道往往蜿蜒曲折，待滤除的颗粒经过通道时会被卡在某个位置而被拦截，这便是深层过滤的工作原理。

深层过滤的优点在于适合处理含有大量固体颗粒的液体，如压榨汁或刚刚发酵结束的酒。固体颗粒被拦截在过滤介质深层结构的孔道中，直到逐渐被塞满，这时需要更换过滤介质。

葡萄酒行业最常见的深层过滤为硅藻土过滤和板框过滤，两种过滤都被广泛使用。它们操作简易且耗材成本相对低。然而，这种过滤的缺点是并非绝对完全。

如果过滤太快或太长时间不更换过滤介质，可能会迫使颗粒穿过过滤介质而进入到干净的一侧。为了弥补这一缺陷，绝对过滤技术应运而生。

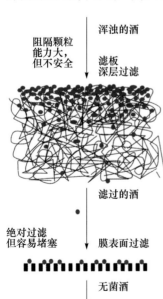

浑浊的酒

阻隔颗粒能力大，但不安全

滤板深层过滤

滤过的酒

绝对过滤但容易堵塞

膜表面过滤

无菌酒

绝对过滤或表面过滤可以完全保证过滤质量，因为过滤介质孔道的直径小于固体颗粒的直径，酒中的颗粒将被拦截在过滤介质的表面而非介质内部，"表面过滤"由此而来。由于固体颗粒绝对不能通过过滤介质，因此这种过滤也被称为"绝对过滤"。表面过滤也有缺点，过滤介质的孔道很容易被固体颗粒阻塞而使进一步的过滤变得困难。

这种类型的过滤在葡萄酒灌装过程的使用非常广泛，即膜过滤技术。由于非常容易阻塞，所以一般只用于灌装前一步的过滤处理，也就是葡萄酒装瓶前的最后一道过滤。

深层过滤
Depth filters

• 硅藻土过滤 *Kieselguhr filters (earth filters)*

　　使用硅藻土的深层过滤技术常被用于葡萄酒发酵之后的第一道过滤，这时的酒充满了固体悬浮颗粒。这些固体颗粒中既包含了死亡的酵母细胞，也有剩余的活酵母，还有来源于葡萄的固体物质，这些物质由于酒精的出现而从葡萄汁中析出。

显微镜下硅藻土滤床

　　硅藻土出产于德国，其成分为微小海洋生物的残骸，这些生物被称为硅藻，在几百万年以前曾栖息在北海，当时硅藻生活的那片海域如今已浮出水面变成了今天德国的一部分领土。人们将这种物质开采出来，磨成粉末，再用酸和碱对其进行处理直至只剩下纯的二氧化硅，以确保完全中性。当将这些粉末均匀铺开时，它们就组成了一种高效的过滤介质，其中布满了数不清的曲折通道。基于这种物质，人们建立了两种技术用于过滤发酵刚结束的酒。在这两种技术中，硅藻土都是在与水或酒混合成泥浆之后被逐量加入待过滤的酒中，之后逐步到达过滤层。

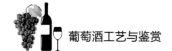

真空转鼓过滤机是用于第一步过滤的上佳之选，因为它擅长过滤极度黏稠的液体。这种过滤机的主体部分为以水平圆柱滚筒，滚筒的外壁由不锈钢细网组成。滚筒的下半部分浸没在浑浊的酒中。处于工作状态时，大马力的真空泵将圆柱滚筒的内部抽成真空，而滚筒则缓慢地滚动。滚筒内形成的真空迫使外面的酒穿过滚筒外壁而被吸入圆筒内部，并经由滚筒内的泵吸出。

真空转鼓过滤机过滤
马沙拉葡萄酒的酒泥

以上这一阶段还不是真正的过滤阶段，因为不锈钢金属网的细密程度并不足以直接拦截葡萄酒中的颗粒，但可以拦截硅藻土。这时需要将酒在过滤机中不断循环并同时向酒中逐步加入硅藻土。当酒被真空力量吸入金属细网时，硅藻土颗粒则被留在了金属网的表面。随着圆筒的不断转动，硅藻土层的厚度逐渐增加直至几厘米。

这个过滤层现在看起来就像一个海绵，当与下方槽子里的酒接触时会被浸湿，而转至上方与空气接触时则在真空作用下被吸干。这时过滤才正式开始，滚筒内经过过滤的酒将被泵入干净的罐中。为了确保过滤的持续进行，滚筒的外部安装了刀片，当过滤层的厚度增加到一定程度时，刀片会随着滚筒的转动将最外层的滤出物刮除以避免过滤层变得过厚。

真空转鼓过滤机最先用于过滤酒泥，因为只有它能完成这样的工作。由于其过滤层大量暴露于空气中，这种过滤方式确实不可避免地存在氧化的风险。

硅藻土过滤机的发明解决了这个问题。这种过滤机具有全封闭的结构，并可以在使用前通入氮气以去除氧气。其内部由若干中空的圆盘构成，圆盘的表面由金属细网组成，因此其工作原理与真空转鼓过滤机完全相同。

装在轮子上可以在酒庄移动的过滤机

市面上可供选择的硅藻土多种多样，不同的颗粒大小可以满足不同的过滤需要，从简单的粗过滤到可以去除酵母的除菌过滤皆可。尽管过滤机的价格昂贵，但它确实具备多功能性以及可移动性，而且硅藻土的价格低廉。硅藻土过滤经常被用于葡萄酒的一系列处理过程中依次增细的过滤。采用最细一档的硅藻土甚至可以将酒中的酵母完全去除（最细的硅藻土因其颜色而被称为粉红硅藻土）。

- 板式过滤 *Sheet filters*（*plate & frame or pad filters*）

深层过滤的另一种表现形式为板式过滤，这种过滤技术适用于不含大颗粒固体杂质的葡萄酒。这种过滤机由一个厚重的金属框架构成，框架的后端为一固定的金属板，前段为一可活动金属板，前段的金属板可通过中间的螺旋轴实现前后移动。在这两个金属板之间夹着一系列被称为"载板"的空心板结构，作为过滤介质的过滤板就夹在这些载板之间形成类似三明治的结构，葡萄酒可经过这些空心载板被均匀分配到过滤介质上。

拆装清洗的纸板
过滤器

　　在这里要注意葡萄酒并不是从过滤机的一端进入然后穿过所有滤板到达另一端，而是被载板分成了若干份，每一份只通过一个过滤板。浑浊的酒从过滤机的一端进入（以下图示中的蓝色部分），然后被分配到不同过滤板后穿过滤板得以过滤，并在滤板的另一端得到收集（图中的红色部分）。使用多个过滤板的目的仅仅在于加快过滤速度：板的数量越多，流量越大，速度越快，而过滤的质量保持不变。

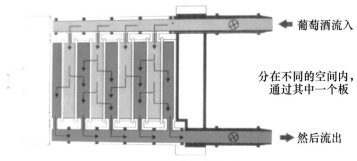

葡萄酒流入

分在不同的空间内，
通过其中一个板

然后流出

板式过滤机的作用方式

过滤板的结构很简单，和吸墨纸一样主要由普通的纤维素组成。为了提高过滤效果，有可能其中还加入了其他物质，例如硅藻土，但不会含有石棉，这种物质在 20 世纪 70 年代就被认定为致癌物质而禁止使用。和硅藻土过滤一样，滤板的厚度必须远远大于所要滤除的颗粒直径。选用结构最细密的过滤板甚至可以将酒内的微生物全部去除，达到无菌的效果。这种滤板被称为无菌过滤板，经常在装瓶前使用，以除去酵母和细菌。但这存在一定风险，因为这种过滤属于深层过滤，滤板的纤维结构中存在着较大的空隙，在实际生产中有可能会因为操作不当而迫使酵母穿过滤板而进入过滤后的酒中。因此，操作人员必须经过严格训练，需要确保不超过最大流速限制，并且保证过滤入口和出口之间的压力差不超过限定范围。

　　虽然存在着上述风险并且造价也相对高昂，但板式过滤机仍然得到了非常广泛的使用。为了防止过滤过程液体的渗漏，需要向滤板的边缘施加极大的压力，所以制造这种过滤机必须采用非常坚固的抗压材料。然而滤板的价格非常低廉，并且有多种滤板可供选择，从简单的粗过滤到无菌过滤，应有尽有。选择合适的滤板对过滤的成功至关重要。

显微镜下酵母细胞
被滤板挡住

　　在板式过滤机的工作过程中，滤板的边缘会不断有酒渗出滴下，给人一种很不卫生的感觉，有时还会吸引苍蝇。这也许是这种过滤技术在

外观上最不吸引人的一点。为了改进这一缺陷，人们发明了封闭式的过滤机，将滤板部分使用圆柱形的不锈钢罩覆盖，改善了卫生状况。这种经过改进的板式过滤机和膜过滤机的外表非常相似，若稍不注意会将其误认为是膜过滤机。所以在参观酒庄的时候要注意了，别把板式过滤当作膜过滤。

酒中的大部分悬浮颗粒都带有静电荷，根据这一原理，人们对深层过滤做出了进一步的改进。这其中的电化学原理非常复杂并且尚未完全了解（颗粒所带静电荷在专业术语中称为电势）。可以在过滤介质中加入一种带电荷的物质，这样所加的物质就会吸引带相反电荷的悬浮颗粒，在过滤前就将其去除。

其中一种具有电荷作用的物质为石棉。含有石棉的过滤板曾非常广泛地使用于装瓶前的过滤并获得成功，但随后也曾因石棉被归为致癌物而引起极大的恐慌。据说过滤板中所含的是较安全的棕色石棉，而非危险级别较高的蓝色石棉，但现在所使用的电势过滤板还是更换成了安全性较高的物质。

这里要特别注意尽管这一类的过滤板带有电荷，但并不能替代下胶澄清处理，因为引起浑浊的胶体物质太小了以至于无法被过滤介质拦截。

表层过滤
Surface filters

• 膜过滤 Membrane filters (Cartridge filters)

深层过滤技术所使用的器材过于笨重，以及其过滤效果的不确定性等缺点催生了表层过滤技术的发明，这种技术使用膜作为过滤介质。表层过滤技术直接将固体颗粒拦截在过滤介质的表面，而不是像深层过滤那样依赖于过滤介质的深层结构进行过滤。这种过滤介质由一层塑料薄膜构成，薄膜上布满了微小的孔，孔径小于待滤除的固体颗粒。（这是滤膜结构的一种简化描述，实际情况要比这复杂得多，但在这里我们只需了解其大概原理就够了。）

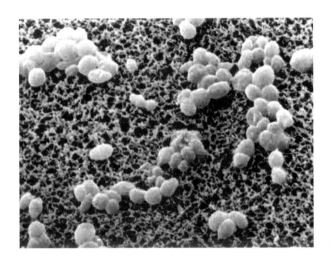

酿酒酵母细胞在
膜过滤机的表面

　　滤膜本身较为脆弱，所以一般会搭载在一层纤维材料之上，然后折叠并封装在圆柱形外壳内做成滤柱，整个外形和汽车的机油过滤器有几分相似。这个滤柱的一头装有一个胶圈，这一头用于安装在结实的金属基座的孔上。最终使用一个不锈钢罩将整个滤柱封闭起来。将要过滤的酒用泵通入这个封闭的金属罩内，泵产生的压力迫使酒从滤柱的外侧进入内侧，完成过滤后的酒从金属基座下端的孔流出。

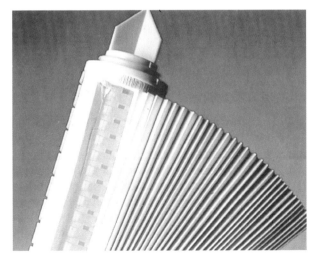

被切开的膜过滤盒
显示了它的构造

　　这种过滤装置可以将酒中的固体颗粒完全去除，因此弥补了硅藻土过滤的不确定性，但遗憾的是这种过滤器有个致命的缺陷。由于这种滤膜没有深层结构，过滤发生在其表面，因而膜上的微孔很快就被颗粒物质堵上导致过滤完全被中断。所以使用膜过滤装置时必须非常小心，并且只能用于装瓶前的最后一道过滤，而这时的酒已经非常干净。任何尝试使用滤膜过滤浑浊酒的行为，其代价是更换高昂的滤柱。

　　膜过滤的成本组成和深层过滤的正好相反，因为膜过滤机使用不锈钢罩等物件的价格相对较低，而作为耗材的滤柱则价格高昂。然而，只要操作正确，膜过滤的运营成本其实并不高，因为每个滤柱在其使用寿命之内过滤几十万甚至上百万升酒都不在话下。它们通常用于在灌装前去除经过滤设备残留的酵母。

　　滤膜生产商们会生产多种孔径的滤膜以供选择，延长滤膜使用寿命最有效的方法是将其按孔径从大到小的顺序排列使用，酒先通过孔径较大的滤膜，然后接下来的滤膜孔径逐次递减。延长寿命的另一种方法是所谓的"保护过滤器"，很多生产商都会制造这种滤柱以保护最后一道滤膜。这种保护性滤柱大多基于深层过滤技术，能在酒经过滤膜前将可能造成阻塞的颗粒物质去除。因为所采用的是深层过滤而非表层过滤，所以在这些保护性滤柱上标注的只是大约孔径，例如"大约2 μm"。通过这个标注就可以将保护性滤膜和真正的滤膜区分开来。

这种经典的过滤装置被用于大多数灌装厂

在酒厂里一般能见到的最大孔径为 1.2 μm（1 μm 等于一百万分之一米），这一孔径的滤膜足以将大部分酵母去除，但细菌仍可以通过。一般接下来的过滤使用的将是 0.8 μm 孔径的滤膜，这一孔径将去除所有酵母，但仍不能保证细菌的完全清除。最后一道过滤一般采用 0.45 μm 孔径的滤膜，这足以清除所有酵母和细菌。市面上还有 0.2 μm 孔径的滤膜，但这一孔径一般用于生产无菌纯净水，不建议将其用于葡萄酒。这个孔径太小了，以至于可能将酒中的一部分风味物质也一并去除。

较为理智的做法就是根据葡萄酒的情况来选择滤膜孔径。出现微生物感染风险较高的酒需要较为严格的过滤，例如一些酒精度低、含糖量高的德国酒。对于这种情况，0.45 μm 的孔径为较好的选择。相反，对于一款酒体饱满的干红，则建议使用 0.8 μm 孔径的滤膜，以避免对酒体造成破坏。

• 错流过滤（正切过滤）*Cross-flow filters (tangential filters)*

　　错流过滤的出现很好地解决了膜过滤技术在含有较多固体颗粒的情况下寿命过短的问题，这可以说是一个极为聪明的改造。前面介绍过的几种过滤技术，液体的流向均与过滤介质的表面垂直，所有被滤除的固体颗粒都被留在过滤介质上，逐渐将其阻塞（若是膜过滤，则阻塞会更为迅速）。将液体流向旋转 90°，使其与滤膜平行，这时液体在穿过滤膜的同时还会将滤膜表面的固体颗粒冲走，使其免于阻塞。

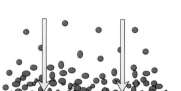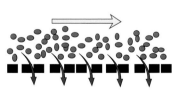

错流过滤的原理

让待过滤的酒在膜的一边形成循环流动，酒便可以不断地重复流

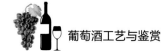

过滤膜。在泵的压力下，一部分液体将通过滤膜上的微孔到达干净的一侧，而固体颗粒会留在待过滤酒的一侧并保持悬浮状态而不会阻塞滤膜。随着酒液的过滤，固体颗粒在循环酒液中的浓度不断上升，最终被清除。

这种过滤技术的最大优点在于无论多浑浊的酒，例如刚刚结束发酵，充满酵母细胞和酒泥的酒，只需经过一轮过滤即可达到装瓶标准。同样，错流过滤也可用于过滤发酵前的葡萄汁。

在德国现代化酒
庄里的赛多利斯
错流过滤机

其缺点在于这种机器的造价非常昂贵，其中包含许多滤膜单元，有形状为三角形的原件，也有封装在管中的纤维状材料。但相比之下，采用多种过滤进行多重过滤的成本也并不低，而且还应该将这种多重处理对酒质量的影响考虑进去。

有人批评错流过滤技术会削弱酒体并减少风味物质，这种批评其实并不公平。也许这些批评源于对其用途的误解和混淆，因为这种过滤技术最早是应用于医药生产中静脉注射液的过滤，由于在这一领域对除菌有严格的要求，因此必须采用 0.2 μm 孔径的滤膜进行过滤。这一孔径对葡萄酒来说确实有点小，但过滤葡萄酒时用的并不是这一孔径，而是

更换了适合葡萄酒的孔径，批评者们也许忽视了这一点。

超微过滤技术
Ultrafiltration

　　现代工业技术可以制造出的滤膜孔径比以上所介绍的最小孔径还要小得多。其微小程度足以将葡萄酒中的单一组分过滤出来：这些组分包括单宁、糖和酸。由于使用超微过滤技术能将葡萄酒分成糖、酸、单宁以及色素等的单一溶液，所以只需要一罐基酒就可以生产出多种颜色、口感、风格不同的葡萄酒。但在欧洲这种技术被禁止用于葡萄酒生产，也许在其他地区也有类似禁令。虽然目前只允许将其用于研究，但这种技术的存在本身就是一个威胁。将来我们会大量生产一种基酒，然后将其经过过滤并调配成所需的不同酒种吗？未来的事情我们不得而知。

第 17 章　包装材料
Chapter 17　Packaging Materials

Nothing in the world was more terrible than an empty bottle! Unless it was an empty glass.

世上没有比瓶中无酒更糟糕的事情了，除非你的酒杯也空了。

火山下

Malcolm Lowry, 1947

容器
Containers

　　如今，葡萄酒的包装方式丰富多样。传统方式正在逐步改变，我们不再局限于用天然塞来密封葡萄酒。然而不同的包装方式需要一定的专业知识，因为每种包装方式有其独特的要求。

　　影响包装物货架期有两个基本因素：包装物的尺寸和材料的透氧率。需要牢记的是，液体和容器表面之间（顶空）会发生变化，容器越小变化越快，因为表面积/体积比会随容器尺寸的减小而增加。同理，材料的隔氧能力越差，产品的货架期越短。

　　有一点需要注意，欧盟法律对葡萄酒的装瓶尺寸有特定范围要求。葡萄酒的标准尺寸是 750 mL（适用于所有葡萄酒，包括起泡酒和加强酒），这有助于比较价格。

- 玻璃瓶 *Glass bottles*

　　假设人们不再接受或没有了山羊皮来装葡萄酒，那么玻璃瓶会成为首选——这很可能是迄今发明最好的葡萄酒容器。玻璃瓶惰性且不会污染，能够阻隔空气并且可以做成各种形状和大小，甚至不同的颜色。但玻璃瓶易碎且重，不能阻隔紫外线，这对于放置在超市荧光灯下的瓶装产品而言非常危险。紫外线并非氧化作用，而是通过化学分解破坏了葡萄酒的成分。

　　玻璃生产技术已大幅提高，很大程度得益于品质革命的影响。对于制造业，人们意识到品质的重要性，也就是所谓的品质决定销售。瓶厂将玻璃瓶装在托盘上，然后趁热用无菌聚乙烯在垂直方向收缩起来。同时在每层玻璃瓶之间用塑料膜替代隔层纸板，以消除玻璃瓶与纤维可能存在的污染风险。许多食品专家坚持在灌装前用水冲洗瓶子，遗憾的是，正是洗瓶才引起了污染——除非洗瓶机完美工作。

- 标准容量瓶 *Measuring container bottles (MCBs)*

　　1975 年欧盟理事会通过 75/106/EEC 决议引入标准容量瓶的概念，通过 2007/45/EC 决议做了修正。灌装过程中，通过测量瓶颈液位的高度与标准容量瓶高度的对比，以此保证平均装瓶量符合要求。

　　为了确保装瓶体积符合要求，《欧盟器皿测量法》规定灌装高度必须超过液位线（瓶顶到液位的高度）。液位线会标示在瓶底或基部两侧，例如 750 mL 玻璃瓶的液位线是 63 mm。识别标准容量瓶，可以看到瓶底或基部两侧会标示反方向的希腊字母 Ǝ 。

MCB 底部展现出反向的希腊数字和液位线度：距离瓶顶 63 mm 处的液位是 750 mL

　　从灌装线上取样，记录灌装头序号，然后测量瓶顶至液位线最底部的距离，再比对标准容量瓶的高度，以此来控制装瓶操作。可喜的是，这种操作非常简单且不会造成任何破坏。没有必要倒出酒用量筒测量体积（实际也是错误做法），因为这样忽略了《标准容量瓶法》的意义，记住这原本是瓶厂的责任。然而，还是有人这样做以检查瓶厂的产品质量。已经注意到，一些认证公司的审计员错误地要求必须这么做。国际

计量组织已经在 R138 条例中规定了标准容量瓶法 "装瓶到指定高度或顶空已充分准确，无须使用独立测量容器"。这条可援引到任何情况下的纠纷。

- 塑料瓶 *Plastic bottles*

主要有两种塑料瓶子：PVC（聚氯乙烯）和 PET（聚对苯二甲酸乙二醇酯）。PVC 瓶在法国应用广泛，主要装日常用酒。这种瓶子便宜又轻便，但不能隔氧，大气中的氧气能够进入瓶内，非常适合短期内快速饮用的葡萄酒。

PET 瓶广泛用于啤酒和软饮料，由于隔氧性能好因此货架期相对长。然而，除了 187 mL 尺寸的塑料瓶，英国公众从没有将葡萄酒装在塑料瓶中。这种 1/4 瓶非常轻巧，能做成凹槽状防止滚动到食品托盘上。另一方面这种塑料瓶在飞机上很难构成危险，因此在航空公司大受欢迎。然而，这种小尺寸和隔氧能力弱的特点，使得葡萄酒的货架期只有 3～6 个月，因此库存控制至关重要。

- 易拉罐 *Aluminium cans*

市场力量决定了易拉罐葡萄酒只有 250 mL 一个尺寸，这个尺寸非常适合倒两杯酒。易拉罐有着不错的性能：牢固、轻便、不透光、不透气，装瓶时可以隔绝氧气和微生物，货架期约 9 个月，能够降低二氧化硫的使用量。

最大的技术问题是葡萄酒与铝不能很好相处。葡萄酒的酸会腐蚀铝，在这个过程中，酒中的二氧化硫变成了硫化氢或臭鸡蛋味。拉伸漆技术有一定的限制性，但在易拉罐葡萄酒领域已经证实可行。尽管如此，易拉罐葡萄酒受欢迎程度并不高。也许因为易拉罐很容易让人联想到啤酒，或传统认为葡萄酒只适合玻璃瓶。

- 盒中袋 *Bag in box (BIB)*

这种包装方式的目的，是便于较大容量的葡萄酒抽真空储存很长时间而又最小的氧化。盒中袋的尺寸多样，从 2 L 到 20 L，大尺寸非常适合酒吧。这种包装技术复杂而贵，绝不是廉价的散装包装物。

1965 年澳大利亚人托马斯·安哥夫（Thomas Angove，于 2010 年 3 月 30 日去世）发明了盒中袋。直到 1967 年，奔富使用带龙头的金属袋装葡萄酒——几乎和我们现在看到的一样。那时的葡萄酒没有税，价格低，葡萄酒质优而易饮，因此散装盒中袋极为流行。另一个原因是，澳大利亚人的冰箱大，方便保存袋装产品。即使征收了葡萄酒税，2004 年盒中袋葡萄酒仍占据澳大利亚轻型葡萄酒 53% 的市场。然而近年来低价葡萄酒的销量在下降，消费者转向购买小瓶装高品质的葡萄酒。在瑞典，盒中袋葡萄酒在轻型葡萄酒的销售份额为 55% 左右。20 世纪 80 年代的英国，盒中袋葡萄酒达到了最高峰的 12% 左右的份额，但仍占据轻型葡萄酒的重要份额。

　　尽管可以实现倒一杯酒而不氧化剩下的酒，但对于 3 L 装的盒中袋葡萄酒，货架期只有约 9 个月。不幸的是，盒中袋葡萄酒生产商继续宣称："打开后葡萄酒能保鲜长达 3 个月。"这并不恰当，因为货架期是指灌装后在盒中袋存放的时间，而不是打开后的时间。盒中袋的出口龙头可以保持剩下的酒新鲜，但明智的做法是在需要时购买酒。盒中袋的尺寸越大，货架寿命越长，因为体积表面积比越大。这已经在酒吧和餐厅得到了证实，因此是卖杯酒的好办法。

　　盒中袋的内部为一金属软袋，倒酒时袋子会收缩防止空气进入。软袋所涉及的技术相当复杂，因为金属袋必须灵活且要有良好的阻隔性能；出口龙头不能渗漏，还必须防止空气进入；盒中袋外包装还必须能承受运输时液体晃动产生的压力。

　　袋子的材料一直是最大的技术问题，因为既要灵活又要隔绝氧气。如果袋子不能收缩，倒酒时氧气会通过龙头进入从而氧化剩下的酒。塑料袋似乎是最显而易见的选择——广泛用于盛装食品、惰性、无毒且易于封口。不幸的是，由于透明且能传递氧气，储存在塑料袋中的酒会比开了瓶的酒更容易氧化。目前大多数利乐袋是由两层高密度聚乙烯组成的复杂结构（HDPE），隔氧层为聚酯膜，然后在外面涂上一层铝。有时这个隔氧层包括一层很薄的铝箔，性能会更好。使用时由于收缩（即收缩开裂），铝箔出现微小的裂纹从而出现新的破坏。

　　尽管看似由简单的聚乙烯做成，但那些透明的袋子下隐藏着复杂的

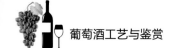

结构。聚乙烯醇（PVA）可以阻隔氧气，因此可以担当隔氧层。聚乙烯醇不会出现收缩开裂，但隔氧能力不如铝箔，且对水蒸气非常敏感。因此，最佳的选择是在隔氧能力和收缩开裂风险之间寻找平衡。

灌装也很关键。盒中袋的灌装要比玻璃瓶的灌装更严格。盒中袋的伸缩性是第一个问题。对于最大设计容量为 3 L 的盒中袋，实际灌装容量可以达到 5 L。如果灌装不合适，会进入大量的气泡，这对葡萄酒的保质期是灾难性的。灌装机必须精心设计，同时操作要熟练以确保只有最少的气泡残留在盒中袋中。

龙头是氧气进入的第二条通道。已经投入大量研究用以设计简单而巧妙的龙头。盒中袋三个最基本的要求：出酒快、不渗漏、防氧进入。

有必要建立最高级别的灌装前准备和微生物控制标准。尽管在压层技术做了最大努力，盒中袋相比早期有了很大改进，但隔氧尚不完美。由此进入的少量氧气能够促进酵母繁殖。因此灌装必须是无菌标准，而现代杀菌和过滤方法可以实现这种要求。

盒中袋的二氧化硫用量会高于常规灌装，以对抗进入的少量氧气，这使得盒中袋包装多少受到诟病。随着在零售商货架上的陈放，二氧化硫降到正常水平。

更多的批评是认为盒中袋酒的质量不如瓶装酒。在过去，人们确实将低价酒装在盒中袋中以此降低成本。而现在，不少优质酒也用利乐袋包装，且有着不错的保质期。不过，也有一种可能性——"吸味"（葡萄酒的一些风味成分转移到塑料袋中。见下面的合成塞）。

• 利乐砖 Cardboard "bricks"

果汁和牛奶一般使用纸板砖封装（笼统的叫法），例如"利乐砖"。这种包装非常不错——成本低，隔氧性好，保质期长。欧洲大陆的超市常常使用这种包装封装低价酒。但在英国，由于形象问题，利乐砖葡萄酒仍不被大众接受。

这种想法极具革命性——用包装材料包裹葡萄酒成型，而不是将葡萄酒装进包装物。利乐砖的结构很重要，由聚乙烯薄层、硬纸板、铝箔（隔氧层）和另一层聚乙烯（用于保护铝箔层）组成。包装材料被输送到灌装线上，然后被套入圆管，再把底部密封。葡萄酒从圆管的上部注入，再密封上部，然后剪切成合适的尺寸。封装后的葡萄酒被挤压成矩形，最后把突出来的耳朵折成大家熟悉的砖形。

这是唯一真正意义上的无菌包装。包装材料经过消毒进入灌装线；灌装线的内部充满了无菌氮气；葡萄酒本身也经过无菌过滤。

塞子
Closures

好的塞子有两个作用：将液体保存在瓶子里；隔绝氧气。这两个作用是选择塞子的首要考虑因素。其次考虑的是成本，塞子必须与容器内的液体价值相对应。

• 天然塞 *Natural cork*

软木塞的特性决定了自身是非常有用的玻璃密封物。软木塞价格低、轻易可取、可再生、可生物降解并能很好地阻隔氧气。软木由含有空气的中空细胞组成，因此具有一定的弹性，被压缩后能快速恢复到原来的尺寸。软木塞有着惊人的防滑能力，其表面犹如一系列的吸盘吸附在瓶颈部从而固定不动，但只需施加轻柔的力就能将其取出。

几百年来，天然塞一直被认为是葡萄酒的理想密封物。由于是天然产品，性能会略有差异，但能够接受。直到 20 世纪 60 年代，人们开始意识到一些问题。那个时候，葡萄酒的消费量开始在增加，市售葡萄酒大多数使用天然塞密封。市场对软木塞的需求增加，生产商（基本为葡萄牙人）的压力在增加。于是生产商开始采剥靠近地面的软木树皮。大型生产商和零售商希望通过使用低级别和长度更短的软木塞来降低成本。但事与愿违，最后大大增加了葡萄酒的发霉污染率，俗称"木塞污染"。最终导致了软木塞替代物的发展。

由于对"木塞污染"的诟病明显增加，软木塞行业广泛启动了代号为"栓皮栎"的项目，承认木塞污染并承诺长期采取措施解决此问题。已经证实引起污染的主要原因是软木塞经过氯消毒后与青霉菌反应生成了 TCA（一种强大的真菌香气物质）。

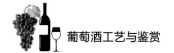

1996 年，欧洲软木联盟引进了《软木塞优质生产实践汇编》，介绍了各种改进措施。其中包括细致采剥软木树皮、隔离地面存放、使用过氧化物替代氯杀菌等措施，从而消除 TCA 的前体物质。这样理论上能大幅降低木塞污染的发生率，但不幸的是，已经形成了不好的形象，而软木行业一直后知后觉。（值得注意的是，感染 TCA 的木塞不是葡萄酒木塞污染的唯一原因。）

软木塞的透氧是一个有趣的话题。过去人们认为葡萄酒在瓶内的成熟是桶内成熟的延伸，氧气是瓶内成熟的必需条件。随着陈酿知识的增加，葡萄酒在瓶内的成熟被认为是厌氧过程，仅仅是缓慢的化学变化（见下文）。现在情况又发生了变化，随着隔氧密封经验的增加（零氧气的渗入），人们意识到少量的氧气可以防止还原污染。因此，随着对软木塞性能了解的提高，高品质天然塞重新回到了优质葡萄酒密封物的选择中。

• 技术塞 *Technical corks*

这个术语指的是那些以某种方式处理的软木塞。其中最简单直接的是填充塞，这种塞子是在天然塞的外面涂上一层软木细粉和乳胶的混合物。这种方法可以填充皮孔（裂缝和孔洞），改善外观和性能，并且价格相对便宜。

最便宜的技术塞是聚合塞。这种塞是用树脂胶将软木颗粒聚合在一起。木塞中的树脂与酒液接触几个月后会分解，软木颗粒掉入酒中引起污染，因此仅适用于快速消费的葡萄酒。

技术塞中最具技术性的是 Diam 塞，由 Oeneo 公司生产。首先将天然塞研磨成小颗粒，保留具有柔性弹力的小颗粒，去除硬木颗粒。接下来软木颗粒在超临界二氧化碳下洗涤处理，去除残留的 TCA（这个过程与低因咖啡的生产工艺相同。）再将软木颗粒与特殊的塑料聚合微球混合在一起，然后压缩并加热形成均匀一致的软木塞。这个过程的原理

类似现有的阿尔特塞（Altec），不同之处在于 Diam 塞增加了超临界二
氧化碳处理。

一个非常成功的聚合塞方案是
1+1 贴片塞（阿莫林生产的双圆片），
即在聚合塞的两端各粘贴一片天然
塞。这种巧妙的设计，结合了聚合塞
的低成本又具有天然塞的保护性。葡
萄酒只与天然塞接触，避免了中间的
聚合塞遭受葡萄酒的侵蚀。

• 合成塞 *Synthetic closures*

为了避免 TCA 污染，人们开始投入大量研究生产人工合成物以替
代软木塞。使用发泡塑料做成的合成塞饱受争议。早期的合成塞难以适
用，造成打塞机破损，并且很难从瓶子中拔出。有人甚至声称，塑料的
化学物质会进入酒中，同时塑料会吸收葡萄酒的风味物质。那么事实到
底如何？

首先，为了消除任何化学物质进入酒中，用于生产合成塞的塑料
跟外科手术的塑料是一样的。现在许多食品使用某种形式的塑料容器包
装，而当用于密封葡萄酒时这种抱怨就有些不合理了。毕竟，有些葡萄
酒实际上是用塑料瓶密封的。

按照生产工艺，合成塞分为两大类：模压塞和挤压塞。模压塞
略有圆顶端，塞子周围有模痕。这是最早生产的类型——至尊考克
（Supreme Corq）。早期的模压塞非常硬，很难拔出来，几乎不能再塞回
去，但是最近的产品弹性有所
改进。

挤压塞很容易辨别，看上
去有点像一截充满泡沫的塑料
管。这种塞子比模压塞有弹性，
因此容易开瓶（也容易塞回
去）。两个著名的生产商为尼奥

模压塞　　　　挤压塞

考克（Neocork）和诺玛科。

无论哪种形式的塑料塞，其中一个缺点是不能很好地阻隔氧气。盒中袋也同样面临这个问题。对于日常用酒和快消酒这不是问题，而对于优质酒则要谨慎考虑了。

另一个问题是"吸味"，即吸收葡萄酒的风味物质。合成塞为疏水性物质，意味着不太喜欢水性环境，而是喜欢油性环境。这正是塑料材料的本质特性——不沾水，直接通过。因此，葡萄酒的风味物质会轻易穿过塑料材料。通过闻开瓶后塞子上浓烈的酒香得以证实。尽管对酒的影响可能不大，但无论如何，这种作用的确存在。

合成塞可以做成
各种颜色和风格

有人会说这是一个毫无意义的产品——试图模仿天然塞，自身却有缺陷。人们不禁会问为什么要生产这种塞子。答案很简单：每个人都喜欢"噗通"一声拔起塞子的仪式感，但又没人喜欢 TCA。这种合成塞有着多种明亮的颜色，深受营销部门的青睐。

- 螺旋帽 *Aluminium screwcaps*

在经历了多年被联想为廉价酒的历史后，螺旋帽现在已经成为时尚。现在人们认为这种塞子很酷。在澳大利亚人们称之为 ROTE（防伪扭断塞的缩写），在英国则叫作 ROPP（防盗扭断塞），而斯蒂文（Stelvin）则是全球知名的品牌。

螺旋帽积极的一面是不会造成木塞污染，不会出现质量差异，也无须特殊工具开瓶。20 年前做过的一些试验表明，金属帽为玻璃瓶提供了最好的密封。最近测试了使用螺旋帽的克莱尔谷雷司令，结果显示第三类香气有着很好的发展。英国许多大型零售商要求用螺旋帽来密封他们的葡萄酒，许多新世界葡萄酒生产商开始转用螺旋帽。

螺旋帽无疑是所有塞子中隔氧最好的。只要正确使用封帽机，每个螺旋帽可以提供完美的密封。帽上的螺纹由封帽头的金属滚轮顺着瓶颈螺纹滚压而成。如果封帽机调试不好，螺旋帽会密封不当。此外，螺旋帽是比较软的铝制材料，在储存和密封时容易造成物理损坏，导致密封不良氧气进入。最新的技术是对帽的顶部做了改进处理，消除了这一风险。

一些酿酒师担心密封太好的问题。传统酿酒学校认为，少量的氧气是红葡萄酒瓶内成熟的必要条件，随着螺旋帽使用经验的增加，这种观点越来越被接受。毫无疑问，在使用螺旋帽密封时需要减少二氧化硫的用量，以平衡瓶内氧气量少的问题，否则会产生硫化氢，也就是所谓的"还原味"。这也证明了螺旋帽有着非常好的密封。

具有讽刺意味的是，这种塞子原本是为了完全隔绝氧气，如今却发展出三种垫片：锡箔垫片和两种萨兰垫片（Saranex，透氧量不同）。因此，传统酿酒学校是对的。

使用螺旋帽时任何决定应该谨慎小心。对于日常用酒，无论白葡萄酒、红葡萄酒还是桃红葡萄酒，螺旋帽无疑非常合适。而对于桶储的优质酒，软木塞可能仍占优势，但这种塞子必须质量好，长度够长，因此价格也贵。

- 玻璃塞 *Glass stoppers*

这是一个相对新的塞子，大家将知名品牌 Vino-lok 作为玻璃塞的代名词。与旧的玻璃塞不同，这种塞子靠顶部的聚乙烯塑料环密封酒。使用玻璃塞需要特制的瓶子，因为要保证密封紧密，瓶颈的内径容差比一般的瓶子要小。玻璃塞由特殊的成型方法制成，如"火抛光"可以增加塞子的强

皇家索姆罗家的胡法克葡萄酒使用的玻璃塞

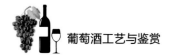

度，降低灌装时碎裂的风险。玻璃塞的优点是透氧量很低、无 TCA，缺点是成本高，相当于优质天然塞的价格。

- 其他塞子 *Other closures*

　　已发明了其他几种专利塞子，其中最引人注意的是佐克（Zork）塞，一种无须开瓶器轻松开瓶又能保持完整封口的塑料装置。

瓶帽
Capsules

　　传统上瓶帽是为了防止软木塞的外露端干燥。最早的方法是在瓶颈部密封蜡或蜂蜡，现在偶尔也能看到这种做法，但更多的是一种营销工具。

- 铅箔帽 *Lead foil*

　　早期的铅箔帽有两个作用：防止木塞顶部干燥；铅盐可以杀死任何可能进入软木的象鼻虫。随着科学知识的增加，人们意识到，这种做法也可能造成酒的严重铅污染，从而对人体产生不利影响。

- 纯锡帽 *Pure tin*

　　纯锡帽的外观最好，但也是最贵的。纯锡具有延展性，使用"旋帽头"可以轻易在瓶颈部塑形。这种旋帽头有一组小滚轮，锡帽套在瓶颈后，小滚轮围绕瓶颈部旋转挤压成型。锡帽看起来高端，容易割开且无毒，但就是非常贵。

- 锡铅帽 *Tin-lead*

　　为了克服铅箔帽对葡萄酒的危险，锡–铅帽因此问世。这种帽的结构像三明治，中间铅层两边为锡层，试图降低成本。这种材料可以保持很多年，直到锡层有缺陷，葡萄酒与中间的铅层接触，最终产生铅盐。英国农业部开展渔业和食品（MAFF）重大研究计划，发现从颈部带有铅盐的玻璃瓶倒出的第一杯酒，含有足量的铅以致成为有毒饮品。鉴于该研究结果，从 1993 年开始，所有欧洲国家禁止使用任何含有铅的瓶帽。

• 铝帽 *Aluminium*

铝帽是除锡帽外唯一被接受的金属帽。铝不像锡那样有延展性，因此要小心使用避免碰损，但这种帽便宜。

• PVC 帽

日用酒使用最多的是 PVC 帽（聚氯乙烯）。这种帽可以做成各种颜色，外观也讨人喜欢，看起来跟昂贵的锡帽区别不大，直到开瓶时才会发现差异。将 PVC 材料朝一个方向拉伸便可生产出 PVC 帽。PVC 帽套在瓶颈后，再用热缩机罩上，塑料热缩到瓶颈大小，从而与瓶颈完美搭配。

• 铝塑帽 *Polylaminated*

另一种帽叫铝塑帽，由铝层和 LDPE 层（低密度聚乙烯塑料）叠加而成。跟锡帽一样，靠旋转小滚轮旋压塑形。

第 18 章　储存与灌装
Chapter 18　Storage & Bottling

Neither do you put new wine into old wine-skins; if you do, the skins burst, and then the wine runs out and the skins are spoilt.

没有人会把新酒装在旧皮袋中，如果这样，皮袋就会胀破，酒漏出来，皮袋也损坏了。

《圣经·马太福音 9[17]》

葡萄经过发酵从而转变成葡萄酒，再经调配、理化分析，最终成型。剩下的工作是把酒装入合适的容器再运输到消费地。本章的技术对葡萄酒的生命历程极为重要。一款优质葡萄酒很容易因溶解氧气、细菌入侵、铜铁离子污染或使用化学清洗剂等不当操作而被毁掉。对于消费者而言，幸运的是，由于葡萄酒中存在酒精和有机酸，致病菌无法存活。

恒定储存
Storage without change

当酒酿好且有合适的地方储存，越小的变化对酒越安全。这个阶段的储存必须满足四个条件，尤其对大品牌葡萄酒，每个年份酒的品质要尽可能一致。

- 储酒容器必须密闭，阻止氧气进入葡萄酒中。
- 容器内壁必须惰性，确保酒与容器内壁不传递味道。
- 容器必须足够大。
- 容器内部必须填充惰性气体。

简而言之，葡萄酒必须存放在尽可能大、惰性材质、用惰性气体保护的容器中。

只要酒在良好的条件下储存，容器的选择变得不那么重要。在现代酒厂里，不锈钢罐是第一选择。用环氧树脂和瓷砖作内衬的水泥罐也是不错的选择。具有同样材质内衬的低碳钢罐也同样令人满意。

罐有各种形状，体积从 2 500 L 到 50 000 L 不等甚至更大。一个现代化、装备精良的酒厂，应该计划有不同尺寸的罐，确保每批葡萄酒都能在最佳条件下储存。理想的情况是，葡萄酒应储存在尽可能大的容器里且保持满罐。一个有趣的现象叫"表面效应"，就是任何容器无论罐或酒瓶，容器越小酒的变化越大。这是因为化学

在德国的萨尔产区 Reichasgraf Von Kesselstat 酒庄的不锈钢储酒罐

变化发生在液体与容器表面，容器越小其表面积与体积比越大。

如果不能保持满罐，那必须保证顶部无氧。必须由惰性气体代替空气，最好是不溶于酒的氮气。二氧化碳比空气重，可以很好地把空罐的空气排除，但缺点是可溶于酒。如果葡萄酒表面的二氧化碳逐渐溶解，尤其当温度降低时，空气会从罐的顶部进入。相反，如果酒在氮气下保持一段时间，残留在酒中的二氧化碳（给酒带来"活泼"感）会消失，酒会变得有些平淡。排除氧气最理想的是氮气和二氧化碳的混合气体，比例取决于葡萄酒所需的二氧化碳含量。

由于二氧化硫会挥发消失，因此陈酿阶段每周或每次倒罐等相关操作后必须检测二氧化硫含量，从而能及时补充上。

灌装前的加糖处理

The final sweetening

商业用酒有时会在葡萄酒中加糖，如以"半甜型白葡萄酒"出售。甚至是红葡萄酒也经常会加入少量糖以使口感柔和，从而让一些不喜欢红葡萄酒的人能够接受。

这些糖并不是真正的"残留"糖，因为它们并非来自葡萄酒的自身葡萄汁。这些糖是在发酵结束后以外源葡萄汁的形式添加，很可能是浓缩葡萄汁（简称 RCGM）。如果是一瓶德国优质餐酒（Qba），通过加入酥蕊渍增加甜味。未经发酵的葡萄汁为了这种目的而保存，通常需要冷冻保存。

加糖操作通常在灌装前进行，因为一旦添加糖，葡萄酒极易受微生物感染，特别是酵母可能会引起二次发酵。

值得注意的是，欧洲法规禁止添加蔗糖（来源于甜菜或甘蔗的普通糖）。唯一允许添加蔗糖的场所是在发酵前调整葡萄汁的糖度或香槟利口酒做最后的甜味调整。

散装运输

Shipping in bulk

在过去，为了确保葡萄酒的质量，广泛接受的理想条件是在葡萄酒原产地灌装。人们的态度已发生变化，我们注意到世界各地散装酒运输已成为高度专业化的产业，良好的质量控制标准贯穿整个过程。零售商已经意识到在本国灌装使他们更具影响力。不锈钢国际标准罐可以用于陆上运输，但一次性"散装罐"开始在远海运输变得流行。需要采取一些基本的质量保证措施，以确保所需的标准得以保持。

1. 拜访供应商，进行质量审核。
2. 协商规范和程序制度。
3. 聘请可靠的运输承包商。
4. 坚持发货前取样检验。
5. 必要时坚持提供样品。
6. 确保在接收方面有严格的监控制度。

灌装过程

Bottling processes

幸运的是，葡萄酒是一种很容易处理的物质。无论何种酿造工艺，在低 pH 和大多数葡萄酒的酒精度条件下，致病菌不能存活。对于酒瓶的唯一要求是确保酒瓶的质量以及避免异物。HACCP 研究表明，几个关键控制点是防止碎玻璃和飞虫进入未封闭的瓶子。

传统灌装

Traditional bottling

在发现无菌灌装技术之前，葡萄酒装瓶时不做任何处理。一个好的酿酒师只要给他足够长的时间，葡萄酒无需下胶或过滤可以实现自然澄清，前提是葡萄酒发酵彻底并且木塞健康良好。葡萄酒不会受到任何伤害，因为酵母会死亡，酒精会阻止任何有害生物的生长，而醋酸杆菌在缺氧条件下无法生存。

可能偶尔会受到其他来源的细菌污染，软木塞的气孔使得挥发酸增加，但通常葡萄酒在瓶中能够健康成熟。那些具有个性酒标的葡萄酒会成为时尚，如标注"未经过滤的特酿"。

在"最少工艺操作"方法中，通过倒罐会使酒液变得澄清透亮，然后不用进一步处理即可装瓶。很可能在几周或数月后瓶内会出现沉淀，但这不影响那些喜欢这种风格酒的消费者。年份波特酒和优质红葡萄酒通常需要滗酒。

无菌灌装

"sterile" bottling

现代灌装被称为"无菌"灌装，这是不正确的，因为无菌意味着完全没有微生物。这不能真实反映葡萄酒的灌装，因为没有试图消除所有微生物。事实上，即便是最精致的葡萄酒，都没有必要这么做。

防腐灌装是过去常用的词。这个描述似乎令人满意，"防腐"意味着防止腐败，因为防止酵母二次发酵和细菌产生挥发酸。然而，一些灌

装人员不接受这个术语，而更喜欢称之为"卫生级灌装"。他们希望所有方式的灌装都是卫生的。

事实上，没有一个描述词能让科学家和技术人员都满意，最接近的词是"现代灌装"。

现代灌装的原理
Principles of modern bottling

如果液体是在无菌条件下包装，与静脉注射一样，一定没有微生物。这样严格的条件没必要用于葡萄酒的灌装。关键因素是微生物的负载，也就是微生物的种群密度。低于一定数值，葡萄酒是安全的，因为微生物会死亡；高于一定数值，微生物将会繁殖，葡萄酒会变质。

唯一真正的无菌灌装是"利乐砖"。这种包装材料经紫外线杀菌，在无菌环境下灌装。

对于常规的灌装机，不用对外壳及空气消毒，只需保持卫生清洁即可。但灌装头的内部、装酒的罐、管道系统以及过滤器都必须彻底消毒。这样做的目的是消除所有微生物菌落，尽可能降低存活微生物的数量。

最好的灭菌办法是用 90℃的热水冲洗至少 20 min，这个方法的好处是在冲洗掉残留物的同时也消灭了微生物。有时会使用蒸汽，但效果不太满意，因为蒸汽缺少热水的清洁力度。如果系统没有用清水冲洗直接蒸汽杀菌，会导致残留物不能彻底清理干净。

化学灭菌是另一种选择。当前流行的杀菌剂是过氧乙酸，它分解的产物是无毒的过氧化氢和醋酸。这种化学物质甚至可以作为杀菌剂残留在设备内部。

氯化物杀菌剂，比如次氯酸盐不再被认为是有效的，因为它们是氯的来源，会导致产生三氯苯甲醚。

二甲基二碳酸盐（DMDC）
Dimethyl dicarbonate（DMDC）

尽管在德国使用了很多年，但 DMDC 最近才被允许在整个欧洲使用。它的作用有点像带有残糖的葡萄酒加入了山梨酸，但它的机理完全不同，作为杀菌剂 DMDC 消灭了微生物的酶活性，有效地杀死了微生物。

DMDC 是一种无色液体，在灌装前加入葡萄酒。它可以在 20℃经过 4 h 分解成甲醇和二氧化碳，这两种物质都是葡萄酒自身的成分，因此可以不用作为辅料来标明，DMDC 纯粹是加工助剂。

现代灌装技术
Modern bottling techniques

随着现代技术的出现，发酵很可能在自然结束之前停止。这样的葡萄酒不稳定，一旦有残留的酵母进入，会进行第二次发酵。此外，为了满足半干型葡萄酒的要求，在最后的调配阶段往往会添加未发酵的葡萄汁，使得葡萄酒对酵母更具吸引力。灌装这种不稳定的葡萄酒，唯一的办法是使用"无菌"灌装技术。这种技术已经成为许多现代葡萄酒厂的灌装标准，即使有的葡萄酒没有必要。可以说，技术人员极大地影响着灌装，没必要的无菌操作，甚至可能破坏葡萄酒的质量。总体而言，要遵循最少处理操作的原则。

加热可以杀死酵母和细菌，或通过过滤去除。加热会破坏葡萄酒，因此操作时要特别小心，必须执行质量控制程序。另外，加热需要用电或能源，而这些是不小的成本投入。

现代全封闭
灌装机

有三种关于不同时间与温度组合的加热方法：短时高温方法如瞬时巴氏杀菌；中温中时如管式巴氏杀菌；低温长时的热灌装。

　　所有这些方法都备受争议，因为有学院派的观点认为任何形式的热对葡萄酒都有害。尽管有这样的观点，但科学的观点是：加热葡萄酒会影响酒的成熟，温度越高，反应越快。成熟是关于葡萄酒成分之间的化学反应。有一个勃艮第产区的知名酿酒师使用瞬时巴氏杀菌处理他所有的红葡萄酒，他认为这种处理方式比过滤要好很多。（这个技术顾问公司的创始人是路易·巴斯德，至今这个公司仍使用巴氏杀菌也就不足为奇了。）

- 洗瓶 *Bottle rinsing*

　　现代灌装设备通常使用从酒厂直接购买的新酒瓶。无论从生产还是财务角度考虑，使用清洗和消毒的旧瓶子是不切实际的，难以确定这些瓶子是否含有石蜡、汽油或其他物质。

在 Cenac Sichel's 酒庄灌装线上的清洗头

　　酒瓶是直接从瓶厂加工采购的，干净无菌，并且已经用收缩膜包装好。理论上这些酒瓶可以直接用来灌装。遗憾的是，大部分市场坚持洗瓶，而这样的操作容易使酒瓶变得不太干净，除非设备保持在最理想的状态。

如果非得用洗瓶机，那么冲洗的水必须干净且不能循环利用，要么经过 0.2 μm 膜过滤处理，要么经二氧化硫或臭氧消灭所有微生物。最精细的操作是结合化学处理和膜过滤。一台精心设计的洗瓶机，在一个区段能使瓶子保持一定角度以便完全排水。而一些公司用过滤好的葡萄酒冲洗瓶子以避免洗瓶水残留在瓶中。

• 热灌装 *Thermotic or Hot Bottling*

这个灌装方法使用长时低温方法灌装。葡萄酒在灌装前通过热交换将温度升到 54℃，这个温度远低于医院用的灭菌仪器灭菌所需的 82℃（经过至少 20 min）。葡萄酒在 54℃装瓶，打塞，包装入箱并且放入库房，然后慢慢冷却至室温。酵母和细胞都由于长时间的高温处理被杀死，而不是由于温度本身。

早期，人们认为这种方法会毁掉葡萄酒，因为热量对葡萄酒有影响。在某些情况下的确如此。事实上，正如预料的，几乎所有廉价的 1.5 L 装螺旋帽酒使用这种技术后尝起来像煮过的卷心菜。但时代变了，只要能很好地控制温度（温度误差缩小在 ± 0.2℃），对于一些酒而言，使用这种方法灌装比低温灌装要好。尤其是对于一些简单年轻的酒，少许热量会加速酒的成熟，使酒具有柔和、圆润的特点。

这种方法的一大优点是装瓶、打塞后瓶内是无菌状态。任何存在于酒中、瓶内、木塞中的酵母或细菌都会被杀死。优点是当葡萄酒装瓶时，灌装线不用安装灭菌设备。确保较低的微生物含量仍然是必要的，因为没有任何一种热处理法可以应付大量的微生物。

• 管式巴氏灭菌 *Tunnel Pasteurisation*

法国伟大的生物学家路易·巴斯德发现热处理可以延缓牛奶和葡萄酒的变质。巴氏杀菌为葡萄酒灌装改进了两种方式。较早的一种方法是管式巴氏灭菌法：通过加热经灌装和打塞后瓶内葡萄酒进行灭菌。像上述自动控温系统，这种方法的优点是只要操作时卫生良好，不需要灭菌技术，所有微生物将会在封闭的瓶内被杀死。

在巴氏杀菌管道里被喷热水的酒瓶

与热灌装不同，经管式巴氏灭菌装瓶的葡萄酒是冷却的，低温葡萄酒通过 15 min 的热水喷淋才能升温到 82℃。与热灌装相比，管式巴氏杀菌的温度虽然高但时间短。经管式巴氏杀菌后的葡萄酒通过冷水喷淋，在酒质可能被破坏前，将酒的温度降到室温，整个过程需要大约 45 min。

设备安装非常昂贵，因为涉及安装大型热隧道输送机、水喷淋机、泵和加热器。还使用了昂贵的热量，尽管现代隧道利用了加热和制冷之间的热交换机。

如果要确保葡萄酒的质量，精确控温非常重要。和热灌装的口碑类似，管式巴氏杀菌被认为如果操作不当，葡萄酒可能被破坏。然而这项技术仍被广泛应用，甚至起泡酒也在使用。

• 瞬时巴氏灭菌法 *Flash Pasteurisation*

瞬时巴氏灭菌是一种可以迅速提高液体温度然后迅速降温的方法，

不夸张地说就是"瞬间"。牛奶的巴氏灭菌使用的就是瞬时巴氏灭菌法，这种方法多年来一直作为隔离牛奶可能携带有害生物体的标准方法。葡萄酒在本质上比牛奶的风险更低，所以没有必要要求这么严格的条件。

对于牛奶，灭菌温度一般在 80～90℃，但这个温度在冷却前只维持几秒钟。而对于葡萄酒，这个温度通常在 75℃左右维持 30 s。

巴氏杀菌装置可用于热装瓶和高温瞬时杀菌

这种设备对于葡萄酒的灌装很简单，在酒罐与灌装机之间放置一个板式换热器。葡萄酒在到达设备前被加热和冷却，这样可以有效地消灭酵母和细菌。但是这种简单的方法有一定的隐患，葡萄酒在灌装前灭菌，由于灌装设备以及装瓶材料容易被再次污染，事实上任何操作都可能再次污染葡萄酒。

掌握灭菌技术的操作人明白，细菌存在于任何暴露的空气表面以及

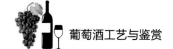

手上。必须从瓶厂购买新酒瓶且要装在符合标准的托盘上，用收缩膜紧紧固定好。酒瓶不能储存超过 1 个月以防止感染细菌。软木塞必须使用密封塑料袋包装，并且使用二氧化硫或者伽马射线灭菌。

对每位操作人员进行培训，所有这些条件相对很好掌握。瞬时巴氏灭菌法和低温无菌过滤在葡萄酒行业已被广泛应用。

• 低温无菌过滤 Cold sterile filtration

如果要避免加热，只有通过过滤设备去除微生物，这项技术叫做低温无菌过滤。之所以称为"低温"并不是因为葡萄酒被冷冻了，而是葡萄酒没有被加热。

过滤是无菌灌装最广泛应用的技术，因为操作简单、便宜、可靠。这项技术也有反对者，他们认为过滤去掉了葡萄酒的精华，坚决不能使用。事实上，这取决于过滤的方法：如果使用得当，对葡萄酒的影响微乎其微。当然，在过滤之后直接品尝，味道有时会发生变化。对过滤效果比较公平的做法是让葡萄酒在瓶内待几周后品尝。

当一款酒准备灌装，这款酒已经过初级硅藻土过滤变得澄清透亮。当然，想要控制低含量的酵母和细菌水平，需要进一步过滤——纸板过滤。这项操作可能对酒有较大的损害，如果过度使用密度非常小的过滤纸板，会削弱葡萄酒的酒体和风味。

在膜过滤使用之前，纸板过滤被认为是最后一步。只要合理操作，可以完美去掉所有酵母和细菌。膜过滤使用量的剧增警示我们，这种方法是所有生产商所追求的，它让生产商终于可以安心休息了，因为它可以让极易受感染的葡萄酒在装瓶后仍然保持稳定，直到消费者开瓶。

膜过滤设备的安装与灌装设备越近越好。膜过滤设备可以筛掉所有可能透过纸板过滤机或者那些经灭菌仍幸存的酵母和细菌。滤膜极其牢固，灭菌简单，可以阻挡任何比毛细孔大的微生物。但仍要小心，因为污垢很容易阻塞滤膜，更换滤膜非常昂贵。当然，一个有钱的大型酒庄可以不用其他形式的过滤机而使用这种过滤机。

滤膜最关键的参数是孔径尺寸。热心的技术专家一定不受酿酒师喜欢，因为他们会鼓励只使用除去有害微生物的孔径尺寸。对于大酒体肥美的红葡萄酒，可能无需使用膜过滤。较轻酒体的红葡萄酒可能需要 1.2 μm 的膜来去除酵母。而桃红或者白葡萄酒可以通过 0.65 μm 的膜甚至是 0.45 μm 的膜而没有损害。使用 0.45 μm 的膜过滤所有酒可以让工作变得简单，但对于质量好的酒或酒体重的酒会造成风险。

成功的关键控制点有以下几点：

1. 确保所有购买的酒瓶密封无菌。

2. 对操作者培训无菌技术，让他们建立意识：我们被微生物所包围，因此完全禁止污染瓶装酒。

3. 对过滤设备灭菌，检验酵母和细菌是否残留。

4. 小心过滤酒。第一步是硅藻土过滤，第二步是纸板过滤，最后是膜过滤。

5. 迅速装瓶和打塞。

灌装后，在销售前要经常检测样品是否残留酵母和细菌，哪怕再严密的操作也有偶然的失效，产品召回的代价非常大。如果酒仍在仓库里，重新装瓶的成本会低得多。

瓶储

Maturation in bottle

灌装后，进入最后的成熟。成熟过程中，瓶内陈酿很显然是独立的厌氧过程：氧气在里面没有贡献，难道不是吗？传统观点认为软木塞给酒传递了最适量的氧气来帮助成熟或许是正确的，也或许软木塞对瓶储过程并没有积极的作用。这是众多葡萄酒技术领域需要进一步研究的问题。螺旋帽装瓶显示出少量的氧气是有必要的，可以避免还原味。

众所周知，化学反应发生在葡萄酒成分之间，主要在醇类、酸类和水之间。醇和酸形成酯，酯反过来被水解成醇和酸，或者内部反应生成更多的酯。

在成熟的红葡萄酒芳香物质中，已鉴定出超过 500 种不同化合物。它们包括：醇类、挥发酸类、醛类、酮类和所有相互作用、分解作用和水解作用的产物（它们与水的反应）。

前面提到，"表面效应"对瓶内成熟速率有很大影响，从而解释为

在 Chateau Pajzos
酒庄酒窖陈年的托卡
伊阿斯祖葡萄酒

什么 1.5 L 瓶成熟慢，325 mL 瓶很快达到峰值。将优质酒灌装在 1.5 L 瓶里，无疑化学反应要慢些，从而有更多机会发生物质的内部反应，从而产生更多种类的化合物以此增加复杂度。

葡萄酒厌氧阶段的成熟需要在稳定的环境下进行。温度的骤变会打乱物质的缓慢内部化学反应；光照尤其是紫外线辐射，会加速敏感化合物的分解；震动会破坏已经生成的有益沉淀物。所有这些现象证明，如果想要最好的效果，在一个凉爽的、干燥的酒窖储酒非常重要。

然而，对于私人藏酒如果没有这样的酒窖也没必要灰心。只要是恰当地储存在光线暗的、恒温的不会剧烈震动的环境中即可：实际上温度不是非常重要，但凉爽些会更好。楼梯下的橱柜就足够了，或者车库后一个牢固的柜子。最差的环境是白天很热夜晚又很冷的阁楼。

质量控制和分析
Quality Control & Analysis

Wine has two defects: if you add water to it, you ruin it; if you do not add water, it ruins you.

葡萄酒有两个弱点：如果给它加水，你就毁了它；如果不加水，它就毁了你。

西班牙谚语

　　葡萄酒分析对于全面控制酒的质量至关重要。质量控制比质量分析更广泛，质量控制是所有参与生产人员的职责。这些人员包括葡萄园管理员、采摘者、拖拉机司机、压榨操作者、酿酒师、灌装操作员、包装员、库管和任何接触葡萄酒生产过程的人，他们都是葡萄酒质量安全的保障者。

　　实验室分析是酿造过程重要的控制手段。实验室可以分析葡萄酒所有的重要指标，这些分析方法包括在酒庄一角使用的最简单方法，也包括使用气相色谱仪、原子吸收光谱仪等仪器方法。好的酒厂必须有合

自动分析仪正逐步取代
传统实验室分析

适的质量控制程序，其中之一必须有分析制度，同时注意消费国家的要求。现代实验室可以完全自动化，检测结果可以直接输入计算机，甚至通过反馈控制过程。

质量计划
Quality plan

制定分析方案会产生积极有效的结果，那些分析操作并不简单。一个精心设计的分析方案对生产健康良好的葡萄酒发挥着重要作用。书面记录或者拥有庞大数据的电子表格作用不大。

分析管理体制的设计要从葡萄成熟时开始，以便所有参数在合适时间测定。这个计划必须贯穿葡萄生长全程，葡萄汁转变为葡萄酒的过程以及批量仓储和最后包装入瓶的过程。一个好的质量计划还应该延伸到装瓶后的货架期研究和不合格品的召回管理。

记录和可追溯性
Records and traceability

记录结果对酿酒师而言至关重要，因为只有这些真实的记录才能确定失败的原因，通过研究这些记录才能继续改进。在一个好的分析设计方案中，通过大量分析可以追溯葡萄酒的历史，回顾葡萄酒调配前的单个组分，甚至是各种葡萄的组成。这不仅可以为进一步改进提供有价值的信息，还可以给那些投诉或调查以保障。这只是常识，然而一些酒厂坚持使用没有逻辑的旧方法。

记录应该是质量计划中不可分割的部分，贯穿于葡萄转化成商品酒的全程。记录应该方便检索，可从最简单的保持在书中或文档的表格到完全可追溯的、最复杂的计算机记录。

在欧盟管理体系中（EC）178/2002 必须做到可追溯性，它明确规定："可追溯性……必须建立在整个生产、加工和分配阶段。"这个规定使得所有酒厂不得不设置可以追溯到每批葡萄酒的加工过程及原始葡萄甚至是葡萄从葡萄园采收位置的体系。最后调配的酒来自全国各地，对于量产餐酒生产商而言这是一个大问题。到目前为止，最好的方法是安装软件，尤其是可追踪同批葡萄酒运转及调配的软件。

　　当量产葡萄酒用于销售时，作为上市品牌需确保产品质量的一致性，同时应向供应商提供所有重要的技术规范，包括允许的公差或范围。下表可作为规范协议的基础，或仅仅是记录结果的合适格式。每一批葡萄酒都要经过分析证明这一规定的正确性。

葡萄酒技术说明				
葡萄酒：普通日常白葡萄酒			编号　05/219	
分析指标	单位	最小值	平均值	最大值
酒精	% voL	11.0	11.5	12.0
总干浸出物	g/L	24	28	32
干浸出物	g/L	16	18	20
残糖	g/L	8	10	12
总酸（酒石酸）	g/L	7.0	7.5	8.0
挥发酸（醋酸）	g/L	—	—	0.6
游离二氧化硫	mg/L	35	40	45
总二氧化硫	mg/L	—	—	260
抗坏血酸	mg/L	—	—	150
山梨酸	mg/L	—	—	200
钾	mg/L	—	—	1000
钙	mg/L	—	—	100
钠	mg/L	—	—	30
铁	mg/L	2	—	10
铜	mg/L	—	—	0.5
二氧化碳	mg/L	600	800	1 000
溶解氧	mg/L	—	—	0.3
过滤指标	min/100	—	—	30
微生物	col/mL	—	—	100

实验室分析
Laboratory analysis

下面介绍的分析项目是所有葡萄酒应做的常规性检测。下面的方法仅仅作为兴趣，并不打算用作实验室方法书。

酒厂不一定要有自己的实验室。事实上，得到认可的专业葡萄酒实验室变得更加普遍。分析要求变得越来越精细，意味着要购买非常昂贵的先进设备。如果加上认证的需要，外部实验室显然是葡萄酒质量控制的重要组成部分。

建议分析的范围要包括下面要介绍到的葡萄酒本身的天然成分和指标，接下来是添加剂和污染物。

* 密度 *Density*

密度本身没有特殊的意义，但当与其他测量值结合使用时就会提供重要的信息。需要注意溶解的糖会增加密度，而酒精会降低密度。

密度可以用像鱼漂一样带有刻度杆玻璃漂的比重计简单测得。密度越低，比重计在液体里陷入越深。水平读取比重计与液体接触的下凹线即为密度的数值。

必须注意的是，密度与比重（SG）容易混淆。两个数值不同，不可替换。比重是与纯水的比较，因此没有单位，只是个比值。密度是在一定温度下一定的液体体积的重量。在欧洲，通常是在20℃下用单位克/升计。目前更倾向于密度的表达方式。

密度在全世界有不同的单位，选择取决于当地的习惯：

波美度（°Be）＝比重 × 1 000（法国用）

奥斯勒度（°Oe）＝波美度 −1 000（德国用）

例如，一款葡萄酒的比重是 1.085 = 1 085° Be = 85° Oe

白利糖度与波美度及奥斯勒度没有关系，它表示的是蔗糖溶液的密度，用质量百分比表达。白利糖度使用起来简单，因为手持糖量计方便携带和校准。

KMW（克洛斯特堡，奥地利）＝白利糖度＝巴博（意大利）＝匈牙利葡萄汁重量。

使用重力瓶或密度瓶可以更精确地测定密度，密度瓶是一种小瓶，可以精确地量取体积，然后用分析天平称量读数，可以精确到 0.000 01 g。也可以使用比较昂贵的仪器自动完成，这种仪器称为密度计，用来测量注入液体的小玻璃管的震动。如果液体密度越大，震动周期越慢。

- 酒精度 *Alcoholic strength*

分析酒度有两个重要的原因。首先，餐酒的价格一定程度上与酒精度有关。11%vol 的酒比 10%vol 的酒更贵，重要的是要知道提供了正确的葡萄酒。其次，所有在欧盟销售的葡萄酒必须遵守标签规范，酒标上必须标明有 ±0.5% 的酒精误差。因此，知道标签规范是很有必要的。

第三个可能的原因是提供给那些想要知道酒精度的人们，因为很多消费者认为一款酒的质量由酒精度决定，经常通过看酒精度来决定购买。这是最不幸的，事实上葡萄酒的质量与酒精度没有关系。以超级波尔多葡萄酒为例，它比普通波尔多葡萄酒的最低酒精限度高，但这不意味着比普通波尔多酒的质量更好。酒精度没有提高酒的质量；葡萄汁中的果味物质浓度影响着酒的质量，高酒精度是偶然的。

最早用于测定烈酒强度的方法被称作标准酒精度，因此以标准酒精度作为计量单位。这个过程有点戏剧性，人们用烈酒淋湿一小堆火药然后用火柴点燃。如果火药着火，说明酒精超标。如果没着火，说明酒精在标准范围内。通过一系列的试验可以计算出标准酒精度或者 100° 酒度，事实上体积分数只有 57% 的酒精（按体积算）可以点燃火药。过去出售的绝大多数 70° 标准酒精度的烈酒相当于现在 40% 的酒精。在测量酒度时，100% 乙醇含量计做 175°。这让人困惑，尤其是美国的标准酒精度还不同，美国的是精确体积百分比的两倍。当烈酒乙醇含量在 40% 时，美国标签上会计作 80° 的标准酒精度，这会让人误解，觉得美国的酒要比英国的烈。

庆幸的是，这个困惑被布鲁塞尔会议消除，会上宣布酒精度的单位将变为体积百分比，缩写为 % vol。值得注意的是，重量百分比给出的数字会非常低，这是由于酒精的密度比水的密度低很多。20°C 时，水的密度是 0.998 g/mL，而纯酒精的密度是 0.789 g/mL。

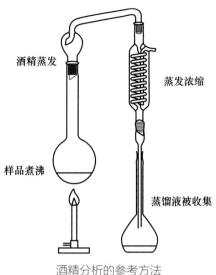

酒精蒸发

蒸发浓缩

样品煮沸

蒸馏液被收集

酒精分析的参考方法

乙醇很难用简单的化学方法分析，因为它并不活泼，所以大多数方法依赖于物理特性，如密度瓶法或红外辐射吸收法，两种方法都可实现自动化分析。

传统方法被称为蒸馏法，利用酒精密度与水密度的差别来分析。首先加热酒样沸腾，蒸汽通过冷凝器，然后收集冷凝的液体。这个过程是将酒精从葡萄酒中其他成分中分离出来。通过测定蒸馏液的密度，可以精确地测定酒精度。密度的每次增量，都可以从表格中找到对应的酒精度。这个方法成为几个世纪以来的官方方法，如果想要得到精确的结果，必须对设备非常精通。这个方法备受追捧，直到1997年，一个现代化的仪器被公认为参考方法。

在葡萄酒生产国，实验室每天都要检测成百上千个样品，因此通常装备有自动化仪器，这些仪器通过吸收近红外线来测定葡萄酒的数值。将葡萄酒样品放入仪器，按一下按钮，结果就打印出来了。

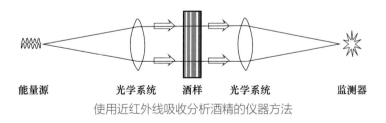

能量源　　　　　光学系统　　酒样　　光学系统　　　　监测器

使用近红外线吸收分析酒精的仪器方法

运用现代技术，很容易检测出甲烷和酒精度。通过气相色谱（一种最广泛使用的分析仪器），可以非常简单地分析任何挥发性物质。

将少量样品注入气相色谱仪的长柱子中，这个柱子含有可吸附性物质，惰性气体从柱子中通过，柱子在炉内加热使醇类蒸发。不同的醇类通过柱子时的速度不同，这样就可以在柱子的末端将它们分离。每种醇类通过合适的检测器，在色谱图上被记录分离开。

上述方法测定的是酒精的实际含量，因此这些数据被称为"实际酒精"。如果葡萄酒含有残糖，理论上很有可能再发酵产生更多的酒精。这个参数有时候被称为"潜在酒精度"，这两个数据之和被称为"总酒精度"。

- 总干浸出物 *Total dry extract (TDE)*

这个名字不太好理解，需要解释一下。总干浸出物的定义是，在温度为 100℃ 大气压强下，葡萄酒通过蒸馏变干，剩下的所有不挥发性物质的总和。在这种条件下水和酒精将会蒸发，留下糖类、甘油、不挥发性酸、矿物盐类、多酚类和其他微量组分。

事实上，干浸出物从不用这种方法测定，因为太冗长繁琐。可以通过塔巴里公式就能精确确定，这个公式只需用密度和酒精度即可算出总干浸出物，因此大大节省了分析时间。

这个数据告诉我们什么？如果葡萄酒是干型的，它会通过一些指标来判断这款葡萄酒有没使用如加水等手段掺假。干白葡萄酒的干浸出物一般在 16～20 g/L，表明所有非挥发性物质都在酒中。酒体越肥硕，这个数值就越高。

如果葡萄酒有残糖，那么总干浸出物将会得出含糖量的近似值。例如，如果是一款含糖为 12 g/L 的半干型白葡萄酒，那么它的总干浸出物值可能在 28～32 g/L。

如果总残糖被精确算出，我们可以得到其他的分析参数，用总干浸出物减去总残糖，称为干浸出物

- 总酸 *Total acidity*

这个重要的参数出现在所有葡萄酒中，因为指的是葡萄酒中所有的酸，包括挥发性酸。另一个名称叫可滴定酸，因为是通过滴定法得出。无论何种名称，结果都一样，甚至两者的缩写都一样。

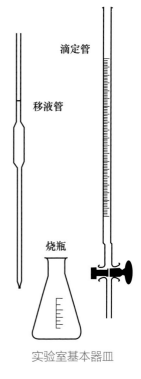

滴定管

移液管

烧瓶

实验室基本器皿

所有学过化学的人都很熟悉，总酸可通过简单的滴定法测定。用移液管吸取葡萄酒到锥形瓶，再用装有已标定好的碱液进行滴定，直到混合液为中性。通过"指示剂"来确认滴定终点，这个"指示剂"是一种在滴定到中性时能够变色的物质。目前，pH 计用于检测终点有着更高的精确度，特别是对于颜色变化很难辨别的红葡萄酒。碱液所需的量与葡萄酒的总酸成正比。

需要注意的是，这不是测定一种酸而是葡萄酒中所有不同酸的总和。假设葡萄酒中只有一种酸时，才能把测定结果解释为一种酸，不同国家有不同的习惯，因此会引起混淆。欧盟采用酒石酸作为单位，因为酒石酸是葡萄酒中最多的酸。法国人坚持使用硫酸作为单位，这个单位看起来很奇怪，可能是希望葡萄酒中没有带电荷的酸！硫酸转化为酒石酸要乘以1.531。

在发酵最初期甚至在发酵前，酿酒师便对总酸感兴趣，因为这是第一个可以调整的项目。调酸是允许的，但效果不太理想，因此会在发酵之后做第二次调整。在这两个阶段都需要滴定总酸。

对于在欧盟出售的餐酒，对总酸有法律要求，其最小值为 4.5 g/L，酒石酸计。（低于这个值，葡萄酒尝起来可能有些"松散"。）

总酸是一个趋于必检的分析，它不仅重要且易于检测。装瓶前，对酸度几乎不能做什么，重要的参数是品尝：如果品尝没问题，那葡萄酒没有问题。然而，一些灌装厂家采用非常实用而不寻常的总酸测定法：稀释试验——由于简单而被使用。当葡萄酒初次抵达灌装厂时，需要检测总酸，灌装时取样第一瓶再测一次。如果后面的总酸比前面的总酸低，意味着灌装线上的葡萄酒被稀释了。两次测得的结果必须一致，否则不能灌装。

• pH

　　pH 的概念有点复杂，它表示葡萄酒的酸度，但不等于总酸。对于总酸，葡萄酒的酸越多，数值就越高；但对于 pH，葡萄酒的酸越多，数值就越低。

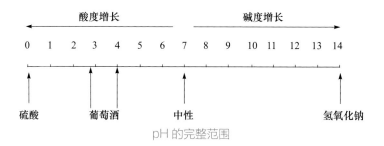

pH 的完整范围

　　pH 的名字来自于氢化能力，意思是氢能。在科学术语中，pH 被定义为以 10 为底的氢离子浓度的负 log 倍，或者是 pH＝－log 10[H$^+$]，有点难以理解。但对于酿造，理解 pH 的基本原理是有必要的。pH 的范围是 0～14。0 代表强酸（如浓硫酸），14 代表强碱（如浓氢氧化钠），7 代表中性（比如纯水）。

　　大部分葡萄酒的 pH 在 2.8～4.0。以一款高酸的麝香葡萄酒为例，其 pH 可能为 2.9，而温暖产区的红葡萄酒如澳大利亚的美乐，其 pH 可能为 3.5。虽然看似差别不大，但在葡萄酒中 0.2 的差别却很重要。

　　由于葡萄酒中天然盐类的"缓冲作用"，pH 与总酸的关系并不成正比，这些盐类可以引起 pH 的变化而不改变总酸度。因此有可能两款葡萄酒的总酸相同，而 pH 不同，反之亦然。然而，pH 是更为重要的参数，因为它对颜色、品尝的影响很关键，同时保障了葡萄酒的质量，尤其与分子态二氧化硫的关系密切。pH 可能是葡萄酒真实酸度最好的指标。

　　pH 的测定非常简单，通常使用一个常见且不贵的设备——pH 计测定。只需将电极浸入葡萄酒样品中，然后注意读数。不幸的是，电极会逐渐改变，必须每天在使用前校正。还有一个简单的操作方法是使用 pH 试纸，当溶于水时就会得出精确的 pH。

- **挥发酸** *Volatile acidity*

之所以称为挥发酸是因为它是总酸的组成部分，具有挥发性，意味着通过煮葡萄酒从而与其他酸分开。挥发酸的主要成分是乙酸，即醇的氧化产物。

测定挥发酸经典的方法是将玻璃蒸馏器中的挥发挥性酸煮沸，然后收集馏出物，接着与测总酸一样用碱滴定。由于挥发酸是许多不同沸点的挥发性酸蒸汽引起的，因此蒸馏条件必须一致，包括蒸馏装置的设计，否则会产生不同的结果。第二个困难是由于酯的形成，酯类不能被滴定，因为酯类为中性而非酸性。此外，如果醋酸菌活跃，挥发酸将不停变化。因此，有时候实验室测定的结果很难保持一致。

与总酸一样，其结果表示为一种酸。由于醋酸是最多的挥发性酸，因此用醋酸（乙酸）表示挥发酸。然而，法国人依然使用硫酸作为标准，硫酸转化为乙酸要乘以 1.225。

- **残糖** *Residual sugars*

在实验室传统测定残糖的方法称为斐林滴定法，该滴定涉及与铜盐的反应。虽然在化学方面有些复杂，但滴定过程简单，且能准确测定葡萄酒的残糖。斐林试剂在食品实验室被广泛使用，由 H C Von Fehling 发明，1839—1882 年他在斯图加特的工艺专科学校担任化学教授。

现代高科技实验室很可能使用高效液相色谱和气相色谱分离醇一样，将葡萄酒通过吸收物质柱来分离单个糖。不同的糖通过柱子的速度不同，因此在探测器上出现的时间不同，色谱图上产生的峰与上述气相色谱中的相似。这些可实现自动化，检测结果储存在电脑中，需要时可立即检索出。这是一个非常简洁高效的分析方法，可以提供葡萄酒中残糖的完整图像。

密度法无法得出含糖量的准确数值，发酵前的葡萄汁也一样，因为酒精的密度比水小得多，会影响密度值。同样折光仪读数也不能用，因为酒精的折光率与水的不同。

- **酒石酸盐稳定性试验** *Tartrate stability tests*

在灌装前检测葡萄酒是否稳定极为重要。酒石酸稳定性的标准试验

是把样品在 −4℃冷冻 3 天，再检测样品的结晶情况。当出现晶体时表明葡萄酒不稳定，还需要继续处理。如果没出现晶体，也不能保证葡萄酒是稳定的，因为可能存在胶体，胶体阻止了晶体的形成。

已经发展出更精细的检测方法，其中之一是基于葡萄酒中所有影响酒石酸盐稳定性物质浓度的检测方法，即测定钾、钙、酒石酸、酒精和 pH，将这些浓度结果代入一个公式，这个公式可以得出葡萄酒是否稳定。

另一个方法似乎更加有效且实用。利用葡萄酒中溶解盐类浓度的变化引起电导率的变化：溶液浓度越大，电导率越高。在 0℃搅拌葡萄酒，酒石酸氢钾结晶会很好的分离，然后测电导率的变化。电导率升高说明晶体溶解，表明葡萄酒中酒石酸盐不饱和，因此葡萄酒是稳定的。如果电导率下降，说明酒石酸盐有晶体析出，表明葡萄酒过饱和因此不稳定。虽然比其他方法简单，但最可靠的结果依赖于技术人员，因为每款酒有其特点。换言之，这种检测最好由生产人员来做，他们比灌装人员更了解葡萄酒。所有葡萄酒都不同，并且还有某种未知的特性。

然而，所有这些检测会由于葡萄酒具有各种复杂结构的胶体物质而屡屡失败，这些胶体会阻碍正常的结晶进程。鉴于整个检测不可靠，有人认为让消费者接受酒石酸盐结晶会更简单。

- **蛋白质稳定性试验 *Protein stability tests***

蛋白质不稳定会引起潜在的浑浊问题。将待测样品加热到 80℃然后冷却到室温，如果样品仍然清澈透亮，表明酒样是稳定的。如果出现浑浊或沉淀，那么这款酒需要下胶。这个试验是经验主义质量控制的经典试验，在实验室模拟极端条件，这个结果表明试验的必要性。

在葡萄酒中加入一种磷钼酸溶液也可能出现不稳定的蛋白质，这种溶液被广泛地用于特定皂土指示法的试剂，可与与蛋白质立即产生凝聚从而产生浑浊。这个实验可能非常有用，但是过分敏感。就像酒石酸盐稳定性实验，生产人员做的实验结果最为可靠，他们对葡萄酒的特点非常了解。

允许的添加剂
Permitted additives

添加任何允许的添加剂必须做进一步分析以确保添加量合适。即使在现代化酒庄有着很好的管理，但也可能会出现重复添加，也可能会出现操作人员都误以为对方添加而实际没加的情况，可见做好记录的重要性。

- 二氧化硫 *Sulphur dioxide*

检测游离二氧化硫水平是质量控制体系中最常做的检测，因为二氧化硫对酒的保护是自我牺牲。当氧气溶于酒中时，在葡萄酒中其他成分被氧化前二氧化硫会提前与氧气反应从而消灭游离氧。这个过程中，二氧化硫通过转化为硫酸而牺牲了自己。在酿造和陈酿的每个阶段都需要添加二氧化硫，确保二氧化硫在一定范围。

幸运的是，二氧化硫的检测可以在酒厂角落的一张桌子上就能进行。可以从实验室供应商购买玻璃器皿和碘酸钾标准溶液（用于氧化二氧化硫），从而直接读取游离二氧化硫的数值。

这个方法简单但缺点是，碘是一种活性化学药品，与二氧化硫一样，可以氧化葡萄酒中的其他物质。这是一个特殊的缺点，当葡萄酒含有维生素 C 时，碘与维生素反应。为了得到更精确的结果，必须通过在第二个酒样中先添加乙醛进行所谓的"空白"滴定。在碘滴定前，"空白"滴定将全部游离二氧化硫结合起来。得出的结果是葡萄酒中与二氧化硫反应的所有其他物质的总和，在计算结果之前，必须从第一次的滴定中减去这个"空白"读数。

获得准确结果的唯一方法是参考欧盟官方办法，称之为过氧化法或抽吸法。抽吸是指通过吸力抽取某物。

如下图所示，在这个方法中，气泡搅动酒液从而带走游离二氧化硫并留下非挥发性干扰物质。过氧化氢将二氧化硫氧化成硫酸。硫酸可以用氢氧化钠标准溶液滴定。

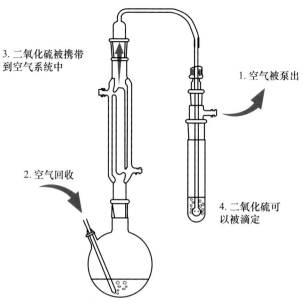

3. 二氧化硫被携带
到空气系统中

1. 空气被泵出

2. 空气回收

4. 二氧化硫可
以被滴定

测定二氧化硫的经典方法

1. 空气被泵出；　2. 空气吸入；　3. 二氧化硫被流动空气携带；　4. 二氧化硫可用于滴定

　　该设备还可用于测定总二氧化硫。首先给样品加入一种碱性溶液，这种碱性溶液可以让结合态二氧化硫释放并转化为游离态，再通过碱标准液滴定得出总二氧化硫。欧盟对总二氧化硫含量有规定，因此每次添加前需要知道它的含量，确保总二氧化硫含量在法定范围内。

　　对于测定总二氧化硫和游离二氧化硫同样需要注意：由于葡萄酒中其他物质的干扰，简单的碘滴定容易使结果高出实际值。在总二氧化硫受法律限制情况下，只要收到任何诉讼，都必须使用抽吸法测定。

• 其他添加剂 *Other additives*

　　抗坏血酸和山梨酸可用简单的分析方法测定。由于这两种物质的含量都有法定限制，所以在添加后必须做分析检测，确保不超标。

　　用于分析偏酒石酸和柠檬酸的方法比较复杂，只用于那些为了验证合法性的特殊情况。这两种添加剂也有欧盟法规的法律限制。

污染物
Contaminants

• 溶解氧 *Dissolved oxygen*

当葡萄酒与氧气接触时，氧气会很容易溶于酒中。一旦溶解，氧气就开始破坏葡萄酒的稳定性。不幸的是，葡萄酒中的二氧化硫不能立即与氧气反应，而是与氧气共存一段时间才会消除氧气。因此，唯一安全的做法是防止任何氧气的溶解，并持续监控葡萄酒的溶解氧。

室温下，1 L 葡萄酒可以在饱和前溶解 8 mg 氧气。对于满罐且密封良好的葡萄酒，由于二氧化硫的清除作用，大约十天后，溶解氧逐渐下降到每升 1 mg 以下。每次倒罐或转罐都会溶解更多氧气，因此必须监控溶解氧。相应的工艺改进是将这种情况最小化。

氧气在低温下溶解性增加。葡萄酒在 −5℃时的溶解氧几乎是在 20℃时的 2 倍。因此，相比室温下的葡萄酒，冷冻阶段的葡萄酒要更加小心地照料。

溶解氧可通过一个特殊设计的仪表简单快速的测定。与其他电子设备一样，这个仪表操作简单但容易出错。首先，电极易于失准，因此需要经常校正。其次，我们周围环境中含有 20% 的氧气，要小心防止结果偏高。

唯一真正准确的测量方法是将样品泵送到密闭容器中，从而消除大气中氧气的影响，但仍然需要经常校正。

• 铁和铜 *Iron and cooper*

这两种元素在所有葡萄汁和葡萄酒中天然存在，但浓度过高意味着污染。在没有添加情况下，铁浓度高于 10 mg/L，意味着使用了旧的镀锌桶或使用古老裸露的铁压榨机。铜含量一般低于 0.2 mg/L。铜含量高通常是酒厂中使用铜配件或泵引起的。

葡萄酒中少量的铜可以去除硫化氢（硫化氢产生"臭鸡蛋"味）。当所有设备全部为不锈钢时，这种气味比使用铜和铁设备时更明显。酿酒师不得不添加少量硫酸铜来与硫化氢反应，生成难溶的硫化铜沉淀。

非常有趣的是，在非常古老的酒庄其管道甚至都是铜制的，但葡萄酒并没有被铜污染严重。在管道的内表面产生了黑色的硫化铜从而形成了惰性层。

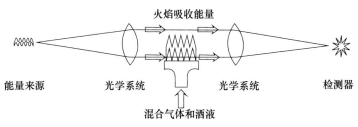

原子吸收分光光度法检测铁和铜含量

在传统分析时代，铁和铜的测定冗长而困难。现在可使用诸如原子吸收分光光度等现代仪器使其变得简单。一束由特殊元素制成的电极产生的特殊光穿过气体火焰，葡萄酒以细雾形式喷射到火焰中，通过改变光束的强度从而测得。这种特别而又精确的方法可以检测葡萄酒中不同金属元素的浓度，只要针对每个元素使用特定的光源即可。

- 钠 *Sodium*

葡萄酒富含钾和极少量的钠，正常含量分别是 1 000 mg/L 和 20 mg/L。离子交换可以大大改变这个浓度，钠离子的变化显著，可以提高 10 倍。因此，葡萄酒中钠含量的测定是离子交换的一个简单测试。可以用如火焰光度计简单测得，通过发射以钠为特征波长的光，这种光与街道照明灯的黄光相似。

先进的分析方法
Advanced methods of analysis

上述分析方法属于经典范畴，已在葡萄酒酒实验室使用多年。目前，DNA 分析法可以通过参考过去 10 年开发的数据库来确定酒的起源和年份。

气相色谱仪和高效液相色谱仪不再是最新的葡萄酒实验设备，但与

质谱仪联用又显著提高了它们的价值。色谱法是一种利用混合物通过一个具有吸附性材料的柱子从而将其成分分离的技术。不同成分通过柱子的速度不同，从而将它们分离。这是一项有用的技术，但直到质谱仪的出现，鉴别才变得容易。该仪器可连接到气相色谱的出口，通过将它们的成分分解成特定的离子来鉴别单个组分。在质谱仪的第一个出口再连接一个质谱仪可以获得更加精确的结果，这个方法叫做气相色谱仪—质谱仪—质谱联用仪。

现代化实验室变得如此复杂，尽管气相色谱仪—质谱仪—质谱联用仪的维护成本高，但它减少了为不同分析而改变参数的时间，每个都对应一个特定的任务。

微生物分析
Microbiological analysis

酵母和乳酸菌在葡萄酒生产过程发挥着重要作用，但在葡萄酒装瓶时却不受欢迎。酵母和乳酸菌对传统酿造的干型酒影响不大，因为酵母在缺氧环境下会很快死亡，即便没有死亡，由于缺少营养，这些酒也会自然稳定。

然而，葡萄酒中含有残糖时情况则大不相同。如果这些酒在灌装时仍有活酵母，将会在瓶内出现二次发酵，导致灾难性结果。因此，重要的是不仅要有良好的无菌灌装技术，还要有一个检查微生物的可靠程序。

下图显示了酿酒酵母的单细胞在 3 天后形成的酵母菌落，因此所有酒厂都需要有高标准的卫生。

一种极为简单而柔和的试验被广泛使用，并且不需要昂贵的设备，既不用显微镜也不用无菌室。只需要一个特殊设计的漏斗，在漏斗基部装一小块圆形的膜过滤器，漏斗下面配套烧瓶和真空泵。

在测试前，漏斗通过蒸汽或酒精灭菌。购买的膜过滤器已经消毒，安装在漏斗上，漏斗放置在烧瓶上。将酒样倒入漏斗，打开真空泵，葡萄酒通过膜吸入，使所有微生物滞留在膜表面。

然后将膜从漏斗中取出并置于无菌培养皿中的培养基上。营养物

显微镜下的酿酒酵母单细胞在 3 天后的菌群情况

扩散到膜孔中并滋养可能存在的活细胞，使其迅速繁殖。3 天后，每个细胞生长成一个大菌落，可通过肉眼看到。所以必须检查膜并计数可见的所有菌落。经过膜过滤并培养在基培养中无微生物菌落意味着灌装良好。

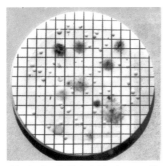

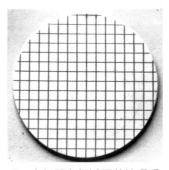

从受到污染的机械设备取下的　　　同一台机器在经过灭菌处理后
微生物样本

上面图片是灌装机在灭菌前后的检测结果。左图中，奶油色的紧密斑点是酵母菌落，每个菌落群是从单个酵母细胞开始的，经过繁殖成为肉眼可见的菌落。在七点钟位置附近更扁平更宽的是细菌菌落，蓬松区域是霉菌菌落，表明过滤器被各种微生物高度污染需要灭菌。经过灭菌后没有微生物存在，这个结果是一个管理良好的现代化灌装线的标准。

Wine kept for two or three years develops great poison.
两到三年的储存足以让一瓶葡萄酒变成致命毒药。

14 世纪　中国

旧专业书罗列了葡萄酒的一系列缺陷，这些缺陷在今日难寻踪迹，它们多由微生物引起，现已通过不断升级的过滤和灭菌技术被消除。抗氧化剂的使用，成功降低了产品的氧化比例，此外包装材料品质的提升也几乎杜绝了外源污染。

接下来所提到的缺陷在现今条件下仍难以完全避免，消费者应积极将这些有问题的酒退还给零售商，并且备注具体的缺陷而不是草草写下"质量投诉"便万事大吉。对生产商而言这是毫无意义的反馈，由于缺少对事实的了解从而没有机会持续改进或降低出现问题的概率。这也导致了另外的窘况，软木塞经常会在某些情况下莫名成为替罪羊。这多半由于那些零售商甚至包括那些高资质的葡萄酒从业人员不知如何识别葡萄酒的缺陷。

氧化
Oxidation

氧化可以发生在葡萄酒的任何生命阶段，因此这可能是现今引发投诉的最大原因。不合格的瓶塞或包装材料一方面使得酒中天然（或添加）抗氧化剂都失去作用，另一方面让空气趁虚而入，导致葡萄酒果香物质的分解。

颜色暗淡是葡萄酒开始氧化的先兆：

- 白葡萄酒从清澈的伴有绿色色调的柠檬黄变成了无趣的禾秆黄；
- 桃红葡萄酒从充满活力的粉红变成了一滩橘粉甚至是棕粉（这里

需要注意，一些桃红葡萄酒原本就是橘粉色）；

• 红葡萄酒失去了深邃的紫红或宝石红色泽，变得暗淡无光，伴有橙色或棕色边缘。

香气变得沉闷，失去了清新感，有了焦糖甚至是"肉"味（比如牛肉膏）。最后，葡萄酒出现了马德拉酒的特征。也正因如此，氧化的葡萄酒经常被形容为"马德拉化"。

灌装前，必须做全面的分析检测，然后根据检测结果进行必要的处理，尤其是二氧化硫的调节。然而，如果葡萄酒由于操作或储存不当溶解了很多氧气，那么酒中的二氧化硫在灌装后会快速降低，葡萄酒容易过早衰败。

例如，玻璃瓶与螺旋帽，它们提供了最佳的隔氧屏障，从而确保葡萄酒长久的货架期。而诸如塑料瓶和盒中袋包装，尽管科技发达，它们仍无法完全隔绝氧气，因而仅能维持相对较短的货架期。为了避免氧化的出现，有效的库存管理至关重要。

还原问题

Reductive taint

最近发生的现象，源于螺旋帽等材料完全阻隔了瓶内与外界的气体交换，导致二氧化硫还原生成硫化氢，给葡萄酒带来下水道或臭鸡蛋气味。含量很低时，闻起来并不明显或有轻微味道，可以添加少量铜如硫酸铜处理。如果真的是还原问题，可以在品酒室往酒杯中添加一枚铜币，然后轻摇酒杯，几分钟后葡萄酒的香气变得清新干净。由于硬币中溶解的铜离子与酒反应产生硫化物沉淀，从而解决了这个问题。倘若葡萄酒遇氧却并未改善，问题就在别处了。

过期

Beyond shelf-life

与众多消费者的认知相反，葡萄酒不是永生的——并非所有葡萄酒在瓶内陈酿而变得更好。事实上，越来越多的快消葡萄酒随着时间推移而衰亡。在超市货架上瞅一眼葡萄酒的背标便可以确认这一点，通常会建议"这款酒应在购买后 6 个月内饮用"。这是许多消费者正在寻找的流行的现代葡萄酒风格，但缺少足够的结构来支撑货架期。能陈年的葡萄酒有着更好的集中度、更饱满的酒体、尤其是更高含量的天然防腐剂——多酚类物质。

虽然氧化与货架期密不可分，但区分氧化与自然成熟很重要。葡萄酒到达其自然寿命不一定是氧化。即便是没有氧气的情况下，葡萄酒的成分会分解，香气不新鲜并缺少任何特性。这种现象最好的例子是菲诺雪莉酒：这种酒应该在离开索雷拉系统后的 6 个月内喝掉，不是因为氧化，而是由于缺少了产膜酵母以及添加年轻、新鲜葡萄酒的保护而变得不稳定。

"表面效应"也影响着葡萄酒在各种包装形式下的保质期。最长的保质期是储存在大容量玻璃瓶中，如马格纳姆瓶（1.5 L），或更大的尼布甲尼撒瓶（16 L）。最坏的情况是储存在小瓶中，如在标准航空公司使用的 187 mL PET 塑料瓶。这种瓶子在某些环境下非常理想，比如机上服务，但必须做好存货计划，因为只有 3～6 个月的寿命。

葡萄酒的标签上没有"最佳饮用期"似乎很奇怪。欧盟对食品行业的基本规定是，所有保质期少于 72 周的食品必须标注这一项。然而，对于这项规定葡萄酒是个例外，他们假定所有葡萄酒的保质期超过 72 周。当然，装在 PET 塑料瓶及盒中袋的葡萄酒质保期少于 72 周，并且"最佳饮用期"并未被强制要求体现。理想的情况应在出售时给出饮用期建议。库存管理也至关重要，因为直接决定了消费者购买时葡萄酒的剩余寿命。

酒石结晶
Tartrate crystals

瓶中的酒石结晶被大多数消费者视为缺陷，尽管事实并非如此。这些沉淀物不是酒石酸，而是源自葡萄本身的酒石酸钙或酒石酸氢钾。不合格的稳定处理或失效的稳定复合胶体会导致这类沉淀的产生。对于世界各地的酿酒师，可能更喜欢未处理的葡萄酒。而消费者的担心是可以理解的：葡萄酒中有碎玻璃渣或添加了糖？尽管后者是谬论，因为糖可以在酒中溶解。

酒石酸氢钾
结晶

　　葡萄酒中的酒石沉淀在贸易投诉中可能占有最大的比例。避免此类现象最好的办法是全面有效地下胶和过滤，然后用现代方法进行酒石酸稳定性测试。不幸的是，尽管酿酒师做出了最大的努力，结晶有时仍会出现。可能背标上的一些解释会起到积极作用，特别是富有想象力的措辞，例如一个古老的德国酒标上写着"这款酒拥有纯天然的葡萄酒钻石！"。

　　投入大量人力、物力和财力用于阻止这些沉淀的产生，不仅显著增加了酒的成本，还要承担酒质下降的风险。其实只要缓慢轻柔的滗酒，可以将这些结晶留在瓶中。如果不小心倒入杯中，多数由于表面张力而呆在杯底，就算喝进去，它们也完全无害，只不过尝起来微苦。如果让消费者理解这些酒石结晶究竟是什么以及到底从哪里来，酿酒师的日子将会轻松许多。具有讽刺意味的是，这些让酿酒师费尽心力去除的无害沉淀，转瞬间就以塔塔粉的形式应用于烘焙行业。

　　处理这些有沉淀的葡萄酒，唯一的方法是将酒倒回罐中重新冷冻后再次装瓶。虽然这次冷冻很可能意义不大，因为几乎所有沉淀早已留在了原来的瓶中，但安全起见还是要格外小心。对公司而言，在同样的错误栽两次跟头是毁灭性的打击。酒石酸盐晶体可以通过冷稳定、晶核接种、电渗析、离子交换或加入偏酒石酸、纤维素胶、甘露糖蛋白等工艺来避免。

异物
Foreign bodies

被认为是酒石晶体的物质也可能真的是碎玻璃。如果灌装头因不合格的瓶型或糟糕的维护而弯曲，玻璃碎片很容易从瓶口削落。也可能是灌装线上玻璃瓶碎片意外进入了其他敞口瓶中。

其他可能出现在瓶中的异物包括昆虫、毛发，甚至是灌装线上丢失的某个零件——曾在酒中发现了一个完整的灌装头！

合格的操作人员对此类风险有着清晰的认知，并会将其在食品安全管理体系（HACCP）的关键控制点列表加以强调。

霉味
Musty taint

受木塞污染的葡萄酒通常被称作"木塞味"。这是一种类似于真菌或秋季林地的明显霉味，虽然无害却使酒变得无法饮用，这类产品应退给经销商。做最终判断时需要小心谨慎，因为有时一些类似的泥土气息则是某些品种的自然属性。此外，区分霉味、氧化味以及其他葡萄酒问题对于未经训练的人有难度，软木塞行业因此而承担了几乎全部霉味的冤枉指责。产生 2,4,6- 氯苯甲醚（TCA）的两个必要物质是酚和氯。酚类木材防腐剂与次氯酸盐灭菌剂被认为是 TCA 的可疑来源。许多酒厂已全面禁止使用任何含氯消毒剂，转而使用过氧乙酸和臭氧。

需要特别注意，有木屑的葡萄酒并不是"木塞味"，这甚至连缺陷都算不上。补救措施很简单：用手指或勺子将碎片取出，继续喝就是了！

顺便说一句，即使被 TCA 污染，这种酒也无需浪费——可用于烹

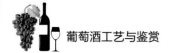
饪，因为 TCA 会随着烹饪迅速挥发。

挥发酸
Volatile acidity

挥发酸过量是操作粗心的结果，细菌肆意繁殖，游离二氧化硫不足而溶解氧充足，但所有这些情况是可以避免的。细菌将乙醇转化为乙酸（醋酸），然后乙酸与另外的乙醇反应产生的酯类被称为乙酸乙酯。葡萄酒变得不可饮用，闻起来像指甲油或纤维素漆（两者都基于乙酸乙酯），尝起来则像醋（乙酸）一样。

这种酒的唯一用处就是将它倒入醋罐中，持续与空气接触，从而成为真正的葡萄醋。

二次发酵
Second fermentation

干型葡萄酒几乎不含任何可发酵糖，因而可以使用传统方式灌装并无须担心瓶内二次发酵的风险。然而，这并不代表其他葡萄酒也可以如此，因为这些酒多数仍含有可发酵糖。这些酒是再发酵的高危群体，必须经过"无菌"灌装。

酵母在瓶中启动发酵的现象十分明显：葡萄酒变得浑浊，瓶塞也会由于产生的二氧化碳而逐渐外凸。盒中袋的表现甚至更引人注目，像一只正在充气的足球，最终发生爆炸，留下一片狼藉和一间芳香四溢的仓库！

处理正在发酵的瓶装酒，唯一的办法是倒回罐中重新过滤，以期去除残留的酵母。在检测调硫之后重新装瓶，确保酒的风格并未发生明显改变。灌装流程需要仔细排查，以确定造成问题的原因并及时整改。在这类情况下，调节二氧化硫的含量尤为重要，因为酵母可以摧毁全部有效残留。

近年来，由于二次发酵引起的意外事件已大幅减少。升级换代的设备和日益完善的知识可以完全避免此类失误。一旦发生只能说明卫生状况不尽如人意或操作流程粗心大意。

铁破败

Iron casse

酒中溶解过量的铁可导致铁离子与磷酸盐反应生成白色沉淀。传统上称之为铁破败，法语单词"casse（浑浊物，沉淀物）"，可以理解为从溶液中析出的物质。通过蓝色下胶来降低铁离子含量，或添加柠檬酸防止沉淀生成都可以预防此类问题的发生。

这类沉淀本身无害，可以在滗酒后正常饮用。

铜破败

Copper casse

铜破败很容易识别，葡萄酒出现棕色浑浊，但当开瓶后浑浊神奇地消失。这是因为铜破败是一种亚铜离子和蛋白质的复合物，它只能在缺氧条件下形成，例如在未打开的瓶中发现。开瓶后，酒与空气接触，亚铜离子被氧化成铜离子，破坏了复合物，浑浊消失。

将铜含量测试纳入灌装前检测很容易预防此类问题。如果铜含量太高，应该通过蓝色下胶处理，然后再次做铜检测，以确保葡萄酒满足灌装要求。

比起铁破败，葡萄酒出现铜破败时要更加小心。虽然铜是饮食中必不可少的微量元素，但高浓度下是有毒的。

鼠臭味

Mousiness

有时葡萄酒会产生一种类似鼠类粪便的气味，在余味中尤为显著，随着灌装技术的不断改进，此类问题已十分少见。这是一类源于乳酸菌感染的问题，可以通过添加二氧化硫来控制，或直接在灌装前进行膜过滤。鼠臭味同样被认为是卫生问题，一旦产生很难补救。

酒香酵母

Brett

这可能是最受争议的一类微生物现象了。酒香酵母味（Brett）有时被认为是有益的，有时却被定义为缺陷。这类气味被五花八门地形容为"动物味""农场味"或"马厩味"。它可由酒香酵母属的多种酵母引起，但主要是 Brett 酿酒酵母。博卡斯特尔酒庄以显著的酒香酵母味闻名，但它们被理所当然地认为是非常优秀的葡萄酒。

这似乎是酿造过程对其含量合理控制的问题：酒香酵母味在某一范围内可以增加香气的复杂度，但浓度太高则会成为缺陷。由于此类酵母分布广泛，并且对于二氧化硫的耐受力差异较大，少次多量添加二氧化硫似乎是最佳的控制方案。个人喜好无疑在此类香气的接受度中起主导作用。

各种气味主要源于酒香酵母产生的三种化合物：

- 4- 乙基苯酚——农场、防腐剂（不愉快的气味）；
- 4- 乙基愈创木酚——培根、香料、丁香、烟熏（诱人的香气）；
- 异戊酸——奶酪、腐败、马厩（不愉快的气味）。

天竺葵污染
Geranium taint

另一类源于细菌的污染是刺鼻的天竺葵味（准确地说，是天竺葵属植物的气味）。这是由某一特定种属的乳酸菌侵染含有山梨酸的葡萄酒造成的，乳酸菌将山梨酸代谢生成 2- 乙氧基 -3,5- 二烯（该气味的主要成分）。如同鼠臭味，产生天竺葵味的葡萄酒终将面临被销毁的命运。

同样地，糟糕的酒厂卫生条件是造成此类问题的主要原因，但只要不使用山梨酸作为酵母抑制剂便可有效避免天竺葵味的产生。

品　尝
The Taste Test

第 21 章
Chapter 21

He who loves not wine, women and song remains a fool his whole life long.
不喜欢美酒、女人和诗歌的人生是没有意义的人生。

马丁·路德，1777

已有不少关于品尝艺术的书，这里也就不再详细讨论品尝的技巧。相反，这是一本关于葡萄酒工艺的书，下面可能会涉及一些品尝技巧的词汇。

品尝的准备
Preparations for tasting

• 温度 *Temperature*

在商业环境中，由于时间有限，大多数葡萄酒是在室温下品尝。这可能是评估葡萄酒最残忍的方式，尤其对白葡萄酒和桃红葡萄酒，因为所有的缺点都被暴露出来。然而，这却是差中选优的最好方式。

品尝葡萄酒时，温度至关重要。不幸的是，很多人都没有意识到这个问题，仅了解白葡萄酒应该在低温下品尝，而红葡萄酒在室温下品尝。这就导致一些白葡萄酒和桃红葡萄酒被冰得让人口舌麻木，而一些红葡萄酒则恰到好处。

温度太低，白葡萄酒和桃红葡萄酒的香气成分与液体紧密结合，挥发性变弱，所感知的香气变少。口感上，极低的温度会麻木味蕾，挥发性物质难以到达鼻子后部的嗅觉器官。这种葡萄酒绝不能被冻成冰状，最好控制在 8～10℃。

温度过高会毁掉葡萄酒。高温会释放出过量的酒精刺激鼻子，同时酒的味道疲软，不平衡。尤其在现代的暖气房这种问题十分常见。在餐厅享用红葡萄酒时，不要害怕要一个冰桶，即使侍酒师对你的要求投以不解的表情。对于酒体轻的红葡萄酒，侍酒温度在15℃左右，对于酒体重的红葡萄酒，侍酒温度不能超过18℃。品尝红葡萄酒时，味蕾会感受到丝丝凉意。

• 醒酒 *Decanting*

对于这个敏感的话题已经有不少长篇大论了。毫无疑问，对于瓶储几个月或几年的葡萄酒而言，在饮用或品尝之前给氧是十分有用的。毕竟，葡萄酒在密封前添加了二氧化硫保护剂，这样瓶内处于还原状态。只要一缕氧气，可以使果香变化，葡萄酒得以展现。

要实现快速醒酒，靠简单地去除木塞直立酒瓶是无用的。大约只有 4 cm² 的酒液表面会与大气接触，酒是静态的，氧的溶解也很缓慢。除非醒酒，否则酒的变化很难展现。

醒酒有两个目的：分离成熟葡萄酒的沉淀物，或给年轻葡萄酒通氧。对于第一种情况，在饮用前将葡萄酒缓慢倒进纤细、直立的醒酒器中。如果需要通氧，在饮用前 1～2 h，葡萄酒应倒入宽而浅的醒酒器中，这样可以溶入大量的氧气。醒酒后酒的改善有时会相当惊人——适用于不同颜色的年轻葡萄酒。即使是年份非常老的葡萄酒，虽然醒酒存在坏掉的风险，但经过溶氧后香气会得到发展。

国际标准品酒杯

品酒杯
Tasting (or drinking) glasses

酒杯的形状和大小对葡萄酒的表现有着相当大的影响。这种作用显著影响着鼻子。

对于品酒室的常规使用，标

准品酒杯（ISO 3591：1977）是个很不错的设计。酒杯的总容量为210 mL，品尝时正确的容量是倒入 50 mL 酒液，正好是在酒杯的最大直径处。这样能提供 160 mL 的香气空间，同时有着足够的摇杯空间。

需要注意的是，不能过分强调让所有学生只有这么一套酒杯。品尝考试时，使用不同形状和尺寸的酒杯会给品尝者带来大量问题。所有的考试机构都以标准品酒杯做品评，这样在答题时有着相同的基准。

必须说的是，许多品酒专家认为这种酒杯太小，不能最好地展现葡萄酒。目前可以生产出各种各样的酒杯，其中知名的生产商如 Riedel。他们生产出标有 "Chianti" 的酒杯被用于葡萄酒大师学院（The Institute of Master of Wine）的品酒教学。

毫无疑问，酒杯的形状影响着葡萄酒特性的表现，但没有必要购买一整套各式各样的酒杯。一般而言，酒体越大，酒杯越大。不仅是为了容纳更多的酒，也是为了让更多的香气有足够的空间来展示其品质。需主要考虑的是，弯曲的杯身应该用高质量的水晶做成，薄且无色。不幸的是，受 20 世纪时尚的影响，酒杯以铅水晶制成，厚且有凹凸图案。虽然外观漂亮，却严重伤害了酒，这种酒杯最好的归处是放在瓷器柜中。

品酒方式
Styles of tasting

- 看酒标品尝 *Tasting in front of the label*

要品尝来自世界各地无数款葡萄酒，以了解其不同特点时，唯一的方法是看着酒标品尝，并且最好是有位经验丰富的品酒师给予指导。需要不断地练习，以此培养味蕾区分细微差别的能力，这往往需要很长的时间才能变得熟练，有时会让人沮丧，觉得没有进展。但贵在坚持（多么艰难啊）。

- 对比品尝 *Comparative tasting*

这种方式的品酒有时被称为"指定品尝"，因为这些酒的部分信息已知，但还不足以确认酒。可能是同一品种、同一年份、同一产区甚至

是同一款酒。

对于学习如何分析品尝，这种方法十分有用。因为酒的共性给出了一些线索从而帮助确认酒。重要一点是必须从一开始就要牢记的是，盲品的目的不是为了确认酒，而是能够对酒进行很好的描述，并评价酒的质量。

• 盲品 *Blind tasting*

终极测试是能够通过品尝杯中的酒，告诉大家这是什么酒，甚至哪个年份或葡萄园。这可能是一个很好的聚会游戏，但不是专业人士在葡萄酒贸易中的目标。

盲品有时被称为"未知品尝"，跟看酒标品尝完全不同。首先，必须清空想法，集中全身注意力，然后在没有先入为主的想法下品尝。这可能相当困难。

一旦接收到第一感觉，必须完成所有过程，然后再发散思路。只有在完成所有观察项目后才能尝试分析结果。盲品其中一个最大的危险是快速得出结论，然后将这种结论套在后续的观察项中。

重要的是要意识到，这样品尝得出的结果不一定能确定酒的来源。聚会时盲品是一件"有趣"的事，但也会有些尴尬，所以要小心对待。更为重要的是对葡萄酒本身的评估：酒的内在品质，预期价格，年龄和发展情况。正确评估这些参数是通过实践考试环节的关键。

许多学生表达了对品酒考试的恐惧和忧虑。如果仔细考虑了上面的内容，这些担忧是没有必要的。考试的成功并非是判断葡萄酒"正确"或"错误"，而是正确评估每款葡萄酒的重要参数，对爱酒人士而言这很容易。

跟其他形式的品酒练习一样，持续的盲品练习是必要的，尤其是临近考试时。实现这一目标的唯一途径是找到善于选择葡萄酒并能设置盲品的人，然后以非常严格的方式品鉴每款酒，写下正式的品酒笔记。

品酒笔记

Writing a tasting note

品酒时，记录品酒词有两个原因：

- 记录葡萄酒的味道供以后参考；

- 与他人交流品酒体验。

鉴于以上两个原因，用简单的描述词来记忆和交流葡萄酒是很有意义的。

葡萄酒的口感和风味总体而言是复杂的，因此品尝时有必要使用一套系统的方法。最好的方法是使用系统品尝法，由作者与葡萄酒大师麦琪·马克内尔（Maggie McNie MW）于 1987 年制订。这套方法是为了帮助对左侧栏品尝参数做品酒笔记。这样可以按照标准格式来记录品尝参数，确保万无一失。系统方法的右侧仅是建议的描述词，需要时使用。随着品尝能力的提升，会用到不同的描述词。但应该牢记的是，这些描述词要方便理解。有些最好的品酒词非常简短精炼。

英国葡萄酒及烈酒教育基金会（WSET）开发了一套系统品酒方法（SAT），并将其应用于教学中。考试时写下品酒记录是一门技术活，即使是葡萄酒大师，也必须坚持学习。品酒考试是人工阅卷，因此不可能绝对公平。一旦通过考试，品鉴词将会有很大提升！

品酒
Tasting the wine

按照系统方法品酒，每次都按照相同的顺序来观察葡萄酒的每个方面，会使考试变得更加简单。

左栏可以帮助记忆每次品酒时的要点。使用这种方法，会使品尝变成一种惯例且不易忘记。

右栏的描述词对品酒技巧会有帮助，但不能死记硬背。只要有意义，任何描述词都可以使用。但不要照搬电视里滑稽搞笑的那样"闻起来像是潮湿的十一月晚上火炉旁边烘干的旧鞋子"。

- 外观 *Appearance*
  澄清度 – 流动性 – 颜色 – 其他
  品酒时拿着杯子的底部而不是杯身，这样可以保持杯子干净。白葡萄酒的颜色根据酒液中心的颜色来判断。酒液边缘的颜色没有参考意

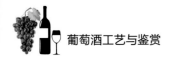

WINE TASTING
A Systematic Approach

APPEARANCE

Clarity   : bright - clear - dull - hazy - cloudy

Colour   : white: green - lemon - straw - gold - amber
                   rose : pink - salmon - orange - onion skin
                   red : purple - ruby - garnet - mahogany - tawny

Intensity   : white: water-white - pale - medium - deep
                   rose : pale - medium - deep
                   red : pale - medium - deep - opaque

Other observations : legs, bubbles, rim vs core, deposits

NOSE

Condition   : clean - unclean

Intensity   : weak - medium - pronounced

Development   : raw - grape aromas - mature bouquet - tired -
                                                          oxidised
Ripeness   : green - ripe - over-ripe - noble rot

Fruit character: fruity, floral, vegetal, spicy, woods, smoky, estery,
                 animal, fermentation aromas, faulty, (complexity)

PALATE

Sweetness   : dry - off-dry - medium dry - medium sweet -
                   sweet - luscious

Acidity   : flabby - balanced - crisp - acidic

Tannin   : astringent - hard - balanced - soft

Body   : thin - light - medium - full - heavy

Fruit intensity: weak - medium - pronounced

Fruit character: groups as for nose

Alcohol   : light - medium - high

Length   : short - medium - long

CONCLUSIONS

Quality   : faulty - poor - ordinary - good - outstanding

Maturity   : immature - youthful - mature - declining -
                                                    over-mature
Age/vintage   : unspecified wines

Provenence   : unspecified wines - grape variety, region

Commercial value : specified wines

The original Systematic Approach to tasting, as suggested by the author in 1987

葡萄酒品鉴的系统方法

外观

澄清度：明亮－清澈－暗淡－浑浊－浑暗

颜色：白葡萄酒：绿色－柠檬绿－禾秆－金黄－琥珀色

桃红：粉色－三文鱼色－橙红－洋葱红

红葡萄酒：紫色－宝石红－石榴红－红褐色－茶色

颜色强度：白葡萄酒：无色－泛白－浅－中等－深

桃红：浅－中等－深

红葡萄酒：浅－中等－深－不透明

其他观察项：酒脚、气泡、酒液的边缘和中心、沉淀

香气

状况：干净－不干净

强度：弱－中等－浓郁

演变：生－葡萄香－成熟香气－疲态－氧化

成熟度：生青－成熟－过熟-贵腐

果香特性：果味，花香，蔬菜味，辛料香，木味，烟熏味，脂味，动物味，发酵香气，不良味道（复杂性）

口感

甜度：天然－绝干－半干－半甜－甜－甘甜

酸度：平淡－平衡－脆－酸

单宁：收敛感－硬－平衡－柔顺

酒体：瘦－轻－中等－饱满－厚重

果味强度：弱－中等－浓郁

果香特性：果味，花香，蔬菜味，辛料香，木味，烟熏味，脂味，动物味，发酵香气，不良味道（复杂性）

酒精感：轻－中等－高

长度：短－中等－长

结论

品质：果味－差－一般－好－优秀

成熟度：不熟－年轻－成熟－熟过－过熟

年份：未知

产地：未知－葡萄品种－产地

商业价值：未知

---

* 作者于 1987 年制订的品尝系统法译稿。

义，因为所有白葡萄酒的边缘颜色都是近乎无色。

相对而言，红葡萄酒的边缘颜色比中心区域的颜色重要，因为边缘颜色传递了酒龄（成熟）信息。事实上，许多红葡萄酒的颜色深到只能用"黑"或"不透明"来描述。对于这种葡萄酒，边缘颜色是唯一能够反映真实外观的信息，也是判断葡萄酒瓶内成熟状态的主要指标。

很多人对酒脚做了大量文章，指的是摇杯后从玻璃上掉下来的眼泪状。酒脚不太重要，因为反映的是酒精和甘油现象，而所有葡萄酒都有这些物质。

- 香气 *Nose*

状态－强度－发展－特性

轻摇酒杯，使香气释放并溶入氧气。刚开始闻葡萄酒时，不要用力吸气而是让香气物质飘进鼻子，从而与鼻腔顶部的嗅觉器官紧密接触。

鼻子放进酒杯的那一刻至关重要，或许展现了一切，也或许没有，这就是所谓的"大马士革经验"。葡萄酒的外观不能告诉我们太多，但第一类香气可以带来巨量信息，但要瞬间识别和分析。

重要的是，此刻最好关闭其他所有感官：闭上眼睛，捂住耳朵，身体完全放松。根据大脑接收到的信号，此刻的反应可以是兴奋和愉悦的，也可能完全相反。如果是后者，唯一的建议是反复练习，在大脑中建立香气库，可以为葡萄酒带来积极的信号。

- 口感 *Palate*

甜度－酸度－单宁－酒体－风味强度－风格－酒精度－长度

喝入适量的葡萄酒，在嘴里搅动。然后吸入空气，便于葡萄酒释放更多的香气，香气物质经过鼻路达到嗅球器官。

这一动作很重要，因为味觉受体位于口腔的各个部分，而不只是在舌头上。主要的甜味受体集中在舌尖附近，因此最先被感受到。酸度受体靠近舌两侧，当品尝到高酸度的葡萄酒后，会产生一种刺痛感。

嘴的各个部位都能感知苦味，不同的多酚物质其干感有所不同，这是与唾液蛋白反应的结果。蛋白质沉淀与下胶操作一样，最后在嘴里出现粗糙的颗粒感。

其中一个要优先作出决定的是，单宁是否成熟（如像温暖气候下充分成熟还是像冷凉气候下生青而坚硬）。这种组合相当复杂：单宁成熟度很高，或单宁生青味重。成熟的单宁更加平滑圆润，而生青的单宁对嘴的干感越重。

最后，在吐酒或咽下后，好的葡萄酒有着怡人悠久的回味，风味应该融合，逐渐地消失。品质较低的葡萄酒往往平衡不好，其中一方面或多方面特性不平衡。葡萄酒的长度往往是葡萄酒质量的一个很好的指标。

- 结论 *Conclusion*

  品质－成熟度－年份－产地－价格

  判断葡萄酒的内在质量是优秀品尝者的重要技能。即使是刚从当地超市买了一瓶促销酒的消费者也可以是优秀的品尝者。买的是否合适？是否愉悦地享用？是否会返回再买上一瓶？

喝酒的一些个人建议
Drinking-A few personal tips

- 定期适度饮酒。已证明一天喝半瓶葡萄酒是有益的，尤其是红葡萄酒。
- 不能酗酒。酗酒对身体有害，任何时候都应该避免。
- 喝不同风格的葡萄酒。找一些低价优质的葡萄酒作为经常性用酒。存储一些贵酒用于特殊场合，即使只是周末。你会感受到差异。
- 在去不同国家旅游前，学会用当地语言说"碰杯！"

古英语	Wassail
盖尔语	Slainte
苏格兰语	Slainte Mhor
威尔士语	Lechyd da
法语	A votre santé
德语	Prost
意大利语	Salute or Cin-cin

西班牙语	Salud
弗兰德语	Gezondheid
匈牙利语	Egeszsegedre
丹麦语、挪威语、瑞典语	Skal
芬兰语	Kippis
保加利亚语	Na zdrave
拉丁语	Sanitas bona
祖鲁语	Oogy wawa

品质保证
Quality Assurance

There is nothing so useless as doing efficiently that which should not be done at all.
没有什么比有效地做那些根本不需要做的事更无效了。

Peter Drucker，1909—2005

质量成功法则——质量决定成败。葡萄酒生产过程中，如果没有一套程序来确保葡萄酒的潜力，那么所有的酿酒艺术和酿酒科学都将毫无意义。

质量控制与质量保证的区分非常重要。

质量控制是对所有影响产品质量的参数进行监测和控制的过程，从葡萄园的种植到瓶装酒储存的整个过程。质量控制不仅仅是技术人员在实验室完成的工作，而是由所有参与葡萄酒生产的人员共同参与执行。生产人员只对产品质量负责，而不对品质控制负责。

质量保证是指为实现高标准而制定的所有管理行为和程序的总和，这其中包括质量控制。质量保证是一个管理概念，涵盖了企业组织运营的各个部门，从而保证了产品的质量。对葡萄酒行业而言，良好的质量保证可以确保葡萄酒的品质。

企业的质量保证系统有多种模型，这些模型能够为企业提供质量保证系统的基本框架。在食品工业中，最重要的模型是危害分析与关键控制点（HACCP）体系，HACCP 体系的重要性不仅仅是因为法律强制要求，还是质量保证最好的基石。在开发了 HACCP 体系之后，企业下一步的目标是通过 ISO 9001 认证。ISO 9001 是一种质量管理体系，该体系已被证明任何运行良好的公司都能满足，与公司规模无关。同时，对于食品公司及饮料公司而言，更好的目标是通过 ISO 22000（食品安全管理体系）。

在质量管理方面还有许多进一步完善的方面，如全面质量管理体系

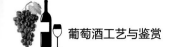

（TQM）。全面质量管理体系引入了商业是一系列过程集合的概念，在整个商业供应链中，每个人既是供应商，又是客户。在这种情况下，客户的满意度贯穿了整个业务链，而不仅仅是来自产品的终端客户。也可以考虑日本的 Kaizen（持续改善）概念，即要求企业在小步骤中不断改进。在欧洲，企业的终极目标则是欧洲质量奖，该奖项欧盟每年只颁发给满足极严格要求的公司。

有很多方式可以提高企业对质量的态度。重要的是，它应该是任何企业运营计划的必备内容，这和利润、企业扩张在企业运营计划中同等重要。

危害分析与关键控制点
Hazard analysis and critical control points, HACCP

危险分析与关键控制点（HACCP）是由 Pillsbury 公司、美国陆军实验室和美国国家航空航天局（NASA）共同在 20 世纪 60 年代开发的一种食品控制系统，用于确保美国太空计划的食品安全。它本质上是一种预防措施，虽然该系统最初的目的是防止太空食品的微生物污染，但它可以用于制造业的任何方面，并能处理任何危害，无论是物理的、化学的还是微生物的危害。它可以是广泛的，也可以是具体的，甚至包括影响质量的因素。HACCP 体系的缺点在于当把该系统设置得过于冗长时，所需关注的点就很容易变得太多、太过于具体。使用好 HACCP 体系的要点之一是在某个行业中首次使用时，有经验的人引导并做合适的 HACCP 设置。

在欧盟，1993 年 6 月 14 日颁发的 93/43/ EEC 号食品卫生指示，要求所有会员国改变有关食品安全的立法。有关详情载于（欧盟）第 852/2004 号规例——食品卫生规定。

HACCP 在食品法典的定义是"一个识别、评估和控制重大食品安全危害的系统"，关键控制点的定义是"一个可以用来防止或消除食品安全风险，或能够将其降低到一个可接受水平的步骤"。确保食品安全是 HACCP 非常好的出发点，随后许多公司发现这一原则非常有用，并扩大了其应用范围，将可能影响产品质量和合法性的其他危害也纳入考虑范围。并通过使用其他字母来标识不同的模型信息，诸如安全识别系统 SCCP、质量识别系统 QCCP 和合法性识别系统 LCCP。这个问题需要进一步的研究。

- HACCP 系统的原则 *Principles of the HACCP systems*

  根据食品法典委员会的规定，该系统有七个步骤或原则：

  1. 进行危害分析。
  2. 确定关键控制点。
  3. 建立关键阈值。
  4. 关键控制点的监控。
  5. 建立必要的纠正措施。
  6. 建立验证系统工作的程序。
  7. 建立文件和记录。

- 步骤 *The process*

  1. 组建 HACCP 小组。该小组成员应当包括生产过程的所有人员，并且必须有接受过 HACCP 体系应用培训的人。对酒庄而言，应当包括种植技术员、酿酒师、酒庄经理、有经验的质量控制技术专家、灌装主管、货物采购员和设备工程师。重要的是，实际操作的每个方面都要有一个输入口。

  2. 设定调查范围并描述产品。将企业作为一个整体难以操作，应该把它分解成易于操作的多个部分，对酒庄而言可以分解为葡萄园管理、葡萄酒酿造和葡萄酒灌装三个部分。

  3. 确定产品的定位。对酒庄来说可能是散装酒销售、瓶装酒出口或国内销售。

  4. 构建从葡萄采收到葡萄酒灌装的作业流程图。确保生产过程每一个步骤都被考虑到，并有助于依次将注意力集中在每一步生产过程上。

  5. 如有需要，通过实地考察确认。

  6. 列出每一步的关键控制点，这可能会有很多。这是组建 HACCP 体系的关键步骤，确定该控制点是影响产品质量或者产品合法性还是影响食品安全？

7. 下一阶段是最难定义的阶段，因为该阶段的关键控制点必须能被识别出来。一种识别方法是根据危险发生的概率，以及假设危险发生后事情结果的严重性来评估每个危险控制点。这个决定基于下表所示。

重要性 发生概率	较轻	中度	严重
经常	是	是	是
偶尔	不	是	是
很少	不	不	是

另一种方法是通过食品法典中的"判断树"来决定。这实际上是在问以下五个问题：

Q1 是否存在预防控制措施？

Q2 这一阶段的控制措施是必要的吗？

Q3 这些控制措施是否会消除或将危害降至可接受水平？

Q4 危险是否会达到不可接受水平？

Q5 在随后的步骤中能否消除这种危险？

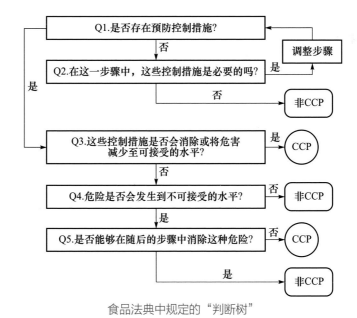

食品法典中规定的"判断树"

实践过程中，通常是以上两种方法结合使用，将该点识别为关键控制点主要基于 HACCP 团队成员的经验和专业知识作出的决定。

8. 每个关键控制点均设定了关键阈值。这些关键阈值包括温度、pH 以及分析极限。

9. 建立监控系统，以确保关键控制点能够被监控。

10. 建立纠正措施，以保持关键控制点在临界范围内。

11. 建立核查制度，以确定关键控制点处于可控状态。

12. 建立文件和记录。

所有这一切都只是将这个已被任何有常识的操作者用了很多年的过程形式化和具象化。

- 在酒庄的应用 *The application to a winery*

每个酒庄对 HACCP 体系的应用有很大差异，关键控制点（CCPs）的数量为 3~20 个，一般 10 个。

每个酒庄开发 HACCP 系统都会耗费大量时间和精力。因此，应当建立一个适合各个酒庄管理要求的统一的 HACCP 系统，从而节约时间和精力。每个酒庄的生产过程基本一样：葡萄采摘、运输和加工，之后将葡萄醪发酵，进而澄清，装瓶灌装。幸运的是，葡萄酒相对容易控制，并且对人体健康无害，原因在于葡萄酒的 pH 低，酒精含量高，因而有害微生物无法在葡萄酒中存活。葡萄酒与人类健康有关的主要问题在于葡萄园喷施法规不允许的农药（或超量使用农药）、酒庄的金属污染、二氧化硫过量以及在灌装时异物的混入。因此，葡萄酒生产过程关键控制点的数量相对低也就不足为奇了。

值得注意的是，新西兰食品安全管理局在其 HACCP 申请文件中指出："葡萄酒生产没有发现任何关键控制点。"这是基于默认所有葡萄酒种植者都严格遵守新西兰葡萄酒生产者协会制订的《葡萄酒标准管理计划》所规定的准则。

接下来的计划可以供那些还没有开发过 HACCP 系统的酒庄做参考，该计划可以作为酒庄开发 HACCP 系统的基本框架。在接下来的几页内容中，我们展示了两部分的工艺流程图：葡萄酒酿造和后处理及装

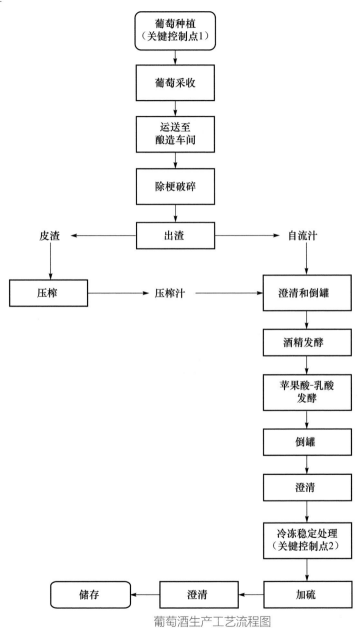

葡萄酒生产工艺流程图

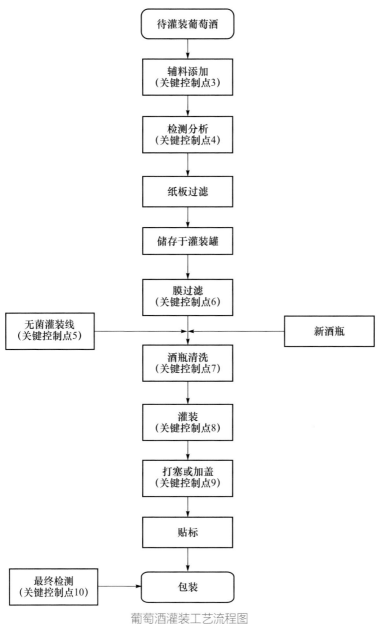

葡萄酒灌装工艺流程图

关键控制点（CCPs）表

阶段	关键控制点	危害	预防措施	关键限值	监视	补救措施	记录
葡萄园管理	1	非法喷酒农药残留	葡萄园管理手册	不得发生	种植计划记录簿	培训	记录簿
冷过滤	2	冷却剂污染	定期检修	不得发生	检修报告	查找疑似渗漏点	记录簿
加硫	3	超标	分析	按照规定所述	检查检测报告	培训	检测报告
化验	4	结果错误	环状实验标准葡萄酒	准确度实验	检查检测报告	培训	检测报告
灌装线灭菌	5	机械未消毒	微生物测试	不得出现微生物	审查结果	重复灭菌过程	生产报告
过滤	6	瓶中二次发酵	完整性测试	瓶内不得出现微生物	检查检测报告	培训	额外标记
酒瓶清洗	7	未去除掉的异物	定期检查水冲	不得出现异物	抽查测试	改进维修	灌装记录
装瓶	8	酒瓶碎片	密切关注灌装机	不得出现异物	肉眼检查	维修和培训	灌装记录
软木塞和螺旋帽	9	异物：玻璃或者软木碎片	密切关注灌装机	不得出现异物	肉眼检查	维修和培训	灌装记录
最终检查	10	不一致	仔细审查	符合规范	管理人员检查	葡萄酒隔离	质检报告

瓶。然后列出每一步的相关风险，并根据"判断树"来分析每个步骤是否对葡萄酒工艺流程至关重要。此分析结果会生成一个关键控制点表。

• 说明 *Interpretation*

结合 HACCP 的原则，我们根据每个酒庄的不同做了说明。为了获得合理的结果，必须将常识应用于任何质量管理系统。所有这些系统都是为了改善企业生产，使其更简单高效地运行，并保证优异的产品质量。葡萄酒是一种食品，因此也必须安全地食用。

在葡萄酒生产过程中，试图一直监控一些关键控制点是不现实的，也是不明智的。如何监测非法农药的使用？每一种农药的分析昂贵且难实现。如何确认瓶中没有颗粒物质？可以通过过滤和检查颗粒来抽查部分瓶装酒，但这又能告诉我们什么呢？

HACCP 的目的是将关注点集中在潜在的风险并采取预防措施。这样做是应用常识，并在不停滞生产的情况下对流程进行相应的审查。

ISO 9001：2008

ISO 9000 是现存众多质量管理系统的一种，它协助企业以系统的方式管理其产品或服务的质量。它主要基于生产流程的全部文档，对系统的严格内部控制并由被认可的机构持续性评估。

第二次世界大战后（1939—1945），由于军备迅速膨胀，出现了一些可怕的问题。人们认识到，必须采取标准化程序来确保生产的一致性，从而导致了由北约组织主导的《盟军质量保证出版物》（AQAP）系列标准的发展。之后，AQAP 发展成为工程领域的标准，并在 1979 年获得英国标准协会出版为《英国标准 BS 5750》。这个英国标准在世界范围内获得成功，并被国际标准组织采用为 ISO 9000。

2000 年，该标准颁发了新修订版本，针对 1987 年和 1994 年颁发的旧版本做了完善。许多强制性程序已被删除，仅保留了四项。最重要的是，人们意识到可以培训员工去独立自主完成工作，而不是依赖于执行刻板的规定。

其他的主要变化在于强调持续改进，以及企业的主要关注点应在客

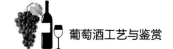

户，因为客户是任何商业中最重要的要素。

有些人评论 ISO 9000 是一种官僚主义，导致文本工作、常规工作和成本的大幅增加。这种情况可能发生也确实发生过，但完全取决于 ISO 9000 质量管理系统的执行方式：如果做得好，不会出现上面问题。

建立 ISO 9000 系统所需的准备工作，为检查、审查和改进现有的质量管理系统提供了极好的机会。在这一过程中，员工参与并被激励，这将自动改善员工之间的沟通与交流。

当所有过程被确认后，一个新的视角会清晰地浮现，每个人都知道该做什么，如何去做，责任是什么。

无论是内部还是外部，都体现了对质量的承诺，这不仅提高了员工的士气，并给客户留下深刻的印象。企业的成本降低，既提高了效率又减少了浪费，这都是由于企业的每一个结构都处于正确的位置并发挥着作用。ISO 9000 的设计是为了帮助企业：如果阻碍了企业，那么它被错误地设计和使用了。

旧版的 ISO 9000 的 20 项要求归纳为五个方面的内容：

1. 质量管理体系

2. 管理责任

3. 人

4. 产品实现

5. 检测、分析和改进

该标准比旧版本更宽泛更容易管理，并且正稳步地进入企业管理。

在企业的 ISO 9000 获得批准前，企业需要由"认证机构"对企业的 ISO 9000 质量管理系统进行详细的评估，而该"认证机构"自身由国家认可机构进行认证（在英国是由 UKAS——英国认证服务中心进行认证）。认证通过后，只要还在认证期内，就需要"认证机构"定期回访。

简而言之，ISO 是写在纸上的常识，它是一种遵守纪律的制度。如果使用得当，它不会扼杀发展，也不会阻止变革。它的目的是帮助保障质量：如果没有起到应有的作用，那么该系统被错误地使用，需要重新制定和执行。

ISO 14000：2004

如今的质量保证不仅仅是针对产品质量，还必须意识到对环境的影响。ISO 14000：2004 是一个管理工具，适用于任何规模、类型的组织：

- 识别和控制活动、产品或服务对环境的影响；
- 不断改善对环境的影响；
- 使用系统的方法来设定环境目的和目标，努力实现这些目标，并证明这些目标最终被实现。

满足这些要求需要可以被审计的客观证据，以证明环境管理系统是在符合标准的情况下有效运作。

ISO 22000：2005

这是最新的 ISO 系列标准，适用于葡萄酒行业，采用 ISO 9000 作为管理体系，并整合了卫生措施的前提方案（PRPs，也称为"生产质量管理规范"），添加了 HACCP 原则和标准。质量管理系统与 HACCP 计划及 PRP 计划得到了最好的结合。

理论上，这项体系可以淘汰供应商审计系统和如下所述的 BRC 全球食品标准。然而，这似乎不太可能，因为这些供应商审计系统和 BRC 全球食品标准已经得到了广泛的应用。

供应商审计
Supplier audits

1990 年的食品安全法催生了一个全新的供应商审计业务。在该领域成长起来很多专业公司。在这些公司中，有些公司远远优秀于其他公司，有些公司只是合格，还有一些公司非常缺乏经验。总体而言，英国认证服务中心（UKAS）是最优秀的一列。

供应商审计源自"尽职调查"的概念，即任何食品供应商必须证明他们"采取了所有合理的预防措施，并进行了所有的尽职调查"，以确保他们供应的食品是安全的。可以采取的步骤之一是访问全产业链中任一生产步骤或成品的所有供应商，并进行审核。

这种做法产生了三个问题：

- 许多供应商审计完全基于遵守产品安全程序设计的流程，并没有对产品质量产生任何影响。

- 供应商不得不承受多轮审计，因为每个零售商都会坚持执行自己的审计。

- 由审计人员执行审计，尽管这些审计人员完全合格，但对被审计单位的产品并没有相关专业知识背景。从而导致了很多不必要的、令人恼火的标准的出现和实施。

如果是由具有丰富行业知识的人员进行审计，那么肯定会产生积极的效果和最好的实施。

BRC 全球食品标准
The BRC Global Food Standard

英国零售商协会（BRC）代表了从大型跨国百货公司到独立小商店的众多零售商的行业协会，这些公司通过城市、郊区、乡村以及虚拟商店出售各种产品。

1998 年，英国零售商协会出版了第一版《全球食品标准》，确立了食品安全管理体系的基准，制订了对食品公司评估的标准，从而让消费者有信心购买商品。《全球食品标准》被用于审计会员单位的任何品牌食品的供应商。

《全球食品标准》被设计用来覆盖所有的食品，从具有最高风险的商品如乳制品、鱼类和肉类，到风险最低的商品如葡萄酒和烈酒。它包含了 HACCP 所有要求及质量管理及工厂环境标准要素，供应商受认证审计师的审计。

《全球食品标准》初意是消除供应商所经受的多重审计。不幸的是，这一初衷难以实现，因为零售商仍迫切地想亲自看到供应商的生产是否井然有序。

这种无所不包的要求也给酒庄造成了困扰，因为一些缺乏专业知识的审计人员坚持在酿造和装瓶过程中，实施一些完全不必要的措施。重要的是，审计工作应该由那些在审计领域有专业知识的人完成，而事实并非总是如此。许多葡萄酒生产商对这一标准感到气愤，因为为了满足这些不合理的要求，生产商不得不在生产过程强行加上各种荒唐的条件。

如果认真思考的话，我们就会发现，这并非《全球食品标准》本身的错误，而是某些审计人员在执行过程中将生产风险高的家禽或乳品的严格制度应用到风险很低的葡萄酒生产上。因此，发生了很多企业将大量资金投入对工厂和人员完全不必要的改革的情况。这种情况下，企业应与认证公司或 BRC 沟通。尽管有上述各种问题，《全球食品标准》仍非常成功。它被 4 大洲 23 个国家的认证机构使用，现在已经是第 5 版了。

卓越经营模式
Business Excellence Model

在欧洲，商业的终极体系是"卓越经营模型"，这是 1988 年由 14 位欧洲领先企业的首席执行官创立的欧洲质量管理基金会（EFQM）倡导的。自 1998 年以来，欧洲质量管理基金会已经在欧洲发展到超过 750 名成员，并利用"卓越经营模型"作为提高公司的有效性和效率的手段。在世界其他地方也有类似的计划，特别值得一提的是美国的巴德里奇奖。

该模型系统包罗万象，涵盖了商业管理的九个方面：

1. 领导力
2. 人员管理
3. 战略与规划
4. 资源管理
5. 质量体系和过程
6. 人员满意度
7. 客户满意度
8. 社会影响力
9. 业务结果

与其他质量管理体系不同，它不是基于遵从性，而是一种持续改进和自我评估的模式。当公司管理团队认为恰当的时候，可以自荐参评欧洲质量奖，该奖项每年授予每个经营门类中评审最佳的公司。

欲了解更多信息，请查询以下内容：

HACCP

食品法典委员会食品卫生基本文本。

联合国粮食及农业组织 / 世界卫生组织，ISBN 92-5-104021-4

ISO 标准

国际标准化组织 (ISO)

www.iso.org/iso/home.htm

BRC 标准

英国零售商协会（BRC）

www.brcglobalstandards.com

"业务卓越模型"

欧洲质量管理基金会（EFQM）

www.efqm.org/en/

La liberté est le droit de faire tout ce que les lois permettent.

(*Freedom is the right to do anything the laws permit*)

自由是做法律所许可的一切事情的权利。

孟德斯鸠，1689—1755

欧盟法律有两种级别：

• 指令：对欧盟成员国具有约束力，接受指令的成员国通过某种方式将指令转化为其国内法律予以实施。

• 条例：要求所有欧盟成员国立即强制性执行的法律。

尽管有不同的说法，但随着时间推移，欧洲葡萄酒的相关立法显得越来越冗杂。基于旧法规的基础，新的法规不断发布。一些法规被废除，一些法规则新增内容。想获取某一特定产品的全部法规极其困难，因为会涉及太多的欧盟法规和指令。如果能将所有法律法规按照清晰的思路重新开始，那将是一件多么美好的事情！显然这不现实。

本章试图列出欧洲葡萄酒立法中最重要的部分，并简要介绍这些法律的主要目的。同时，本章还涉及一些适用于葡萄酒的英国法规。

欧盟对获取欧洲法律的方式进行了改进。所有欧盟法律都可以从以下网站免费获取：

http://eur-lex.europa.eu/RECH_menu.do

点击 CELEX 编号并按指导操作。祝您好运！

在英国，通过法律文书的颁布来实施欧盟立法，葡萄酒方面执行带有不同 SI 编码的《普通农业政策（葡萄酒）条例》。该条例修改频繁，因此有必要搜索最新的版本。

第 479/2008 号条例，葡萄酒市场共同组织

Regulation 479/2008 The Common Organisation of the Market in Wine

这就是所谓的"框架"条例，规定了欧洲葡萄酒市场的一般条件。之前的条例（R 1494/1999）已被废除，因为不再适用。

其标题包括：

- 支持措施；
- 监管措施，包括标签规则；
- 与第三国的贸易；
- 生产潜力；
- 一般规定。

这份文件不太好理解，因为包含了财政、酿酒技术以及标签等几方面的规定。

最主要的变化是取消了"餐酒"和"法定产区优质葡萄酒"的术语，取而代之的是 PDO（原产地保护葡萄酒）或 PGI（地理标识保护葡萄酒），参看条例 607/2009（下文）。同时现在还允许将年份及品种标注在"餐酒"的标签上。

PDO 和 PGI 标识

标签的基本规则保持不变，包括强制性信息和选择性信息。

强制性信息包括：

- 产品种类;
- 依据适用条件,在标签上标注 PDO 或 PGI(或适用传统术语,如 AOC/ 法定产区葡萄酒,等等);
- 酒精度,以百分数表示 %vol;
- 葡萄产地;
- 责任生产商的名称、在欧盟的总部地址;
- 对于第三国的葡萄酒,进口商的名称和地址。

以上所述并非强制性信息的全部内容,其他要素包含在条例的其他部分中,例如标称体积和"含有亚硫酸盐"等信息。

选择性信息包括:

- 葡萄年份;
- 葡萄品种;
- 葡萄酒甜度;
- PDO 或 PGI 标识;
- 酿造方法;
- 葡萄产地。

第 606/2009 号条例,细则
Regulation 606/2009 Detailed rules

作为第 479/2008 号条例的补充,这一条例提供了葡萄酒酿造实践的细节规定。上面已提到,该条例将酿酒工艺与一系列分析方法糅合在附件和附录中,非常奇怪的组合。

第 607/2009 号条例,细则
Regulation 607/2009 More detailed rules

该条例引入了 PDO(原产地保护葡萄酒)和 PGI(地理标识保护葡萄酒)的概念。这些术语可以代替传统术语如 AOC 或 DOC。

但实际上,这些旧的术语仍被使用,新旧术语同时存在只会使现状更加混乱。

本条例还纳入了一些关于酒标规定的细则。

第 1991/2004 号条例，过敏原标注
Regulation 1991/2004 Declaration of allergens

该条例修订了 R753/2002 号条例，对于二氧化硫含量超过 10 mg/L 的葡萄酒（这意味着所有葡萄酒），强制性要求标识"含有亚硫酸盐"或"含有二氧化硫"。该规定适用所有于 2005 年 11 月 25 日以后装瓶的葡萄酒。此外，根据欧洲食品安全局确认过的其他过敏成分，也需要标注在酒标上。

第 1989/396 号条例，货物批号
Directive 1989/396 Lot marking

根据该条例规定，所有食品类货物必须带有货物批号，从而保证在需要时能够快速、高效地召回。货物批号以大写字母 L 开头，并且每批次货物的批号都必须独一无二。每个批号对货物的数量没有要求，但必须可识别。可以是同一天灌装的货物使用同一个批号，也可以是同一个年份生产的货物使用同一个批号。不过在召回货物时，明智的做法是保持批次货物的数量尽可能小。

根据朱利安算法，大多数葡萄酒使用的货物批号为四位数，其中第一个数字是生产年份的最后一个数字，另外三个数字是公历日期。例如，2010 年 1 月 31 日的批号是 L0031。

第 178/2002 号条例，食品法律的原则和要求——可追溯性
Regulation 178/2002 Principles and requirements of food law—Traceability

这项范围广泛的规定包含了一项原则，该原则对葡萄酒贸易的各个部门的运作方式产生了重大影响。其中第十八条规定"食品的追溯……应当在生产、加工、销售的各个阶段建立。"葡萄酒也是食品，同样需要遵守该规定。在英国，该规定通过一般食品法规 SI 2004/3279 强制执行。

依据该法规，所有葡萄酒庄都必须设定一套系统保证每批次的瓶装

葡萄酒可以在全产业链上被追溯。这对于量产酒商而言是个大问题，因为这些酒可能是将来自全国各地的原料调配在一起了。

第 2000/13 号条例，食品标签，说明和广告宣传
Directive 2000/13 Labeling, presentation & advertising

本章开头所列的行业条例中，葡萄酒的标签、说明和广告宣传的相关规定都已包含在内。仅额外增加了一条内容，要求将成分列于标签上。需要标识的成分越少越好，基于葡萄酒行业的规范，很多酿酒辅料受到了严格控制。目前使用的酿酒辅料不多，并且大部分辅料不会在葡萄酒中残留，由于是加工助剂，在澄清过程中会被去除。

第 2006 号条例，度量衡条例（包装商品）
Weights & Measures (Packaged Goods) Regulations 2006

目前，所有预包装食品都按照欧盟的平均数量体系包装，该包装系统与英国旧的最低数量体系不同。在英国体系下，每瓶葡萄酒的体积不得低于标签上所标明的体积。而在欧盟的平均数量体系下，将一个批次的葡萄酒视为一个整体，该批次的体积平均值不得低于标签上的体积（标称体积），但每单个瓶子可以在一定范围内高于或低于该标称体积。

下限由负误差（TNE）决定，对于 750 mL 的瓶子，TNE 为 15 mL。在该批次葡萄酒中，允许有 2.5% 该批次数量的体积大于此负误差，但任何瓶子的误差都不允许大于负误差的两倍，即 30 mL。因此，一瓶 750 mL 的葡萄酒最少可灌装 720 mL，但该批次葡萄酒的平均体积至少为 750 mL。在实际生产中，葡萄酒的灌装量要比 750 mL 多，而且大多数的装瓶量在 740～760 mL。

当平均数量系统被某一包装商使用，并且该系统经当地责任部门检验度量衡合格，就可以在酒标上附上电子标识。如果葡萄酒是在欧盟装瓶生产，这种葡萄酒的发货人就不必做进一步检查。确保葡萄酒正确包装的责任在葡萄酒灌装厂商。对于第三国的葡萄酒，进口商应当自行检查，并提供相关的证明文件。

度量衡——（规定量）（预包装产品）第 2009 号条例
Weights & Measures (Specified Quantities) (Pre-packed Products) Regulations 2009

该条例给葡萄酒的销售规格提供了更大的自由度，该条例规定适用于 100～1500 mL 的葡萄酒，这为小体积例如 25 mL 的品尝样品的销售开辟了道路。同时，该条例也纠正了在购买标准瓶（750 mL）无法对葡萄酒进行抽样的异常状况。

然而，在本书英文版印刷时（2010 年 7 月），这项规定尚未颁布。

规定中的尺寸为：

葡萄酒：100、187、250、375、500、1000、1500 mL；

起泡酒：125、200、375、750、1500 mL；

利口酒：100、200、375、500、750、1000、1500 mL；

黄葡萄酒：620 mL。

食品安全法 1990
Food Safety Act 1990

《食品安全法》已成为"尽职调查"的代名词，在某种程度上是不行的。首先，"尽职调查"只是该法案的一小部分，该法案对食品法做了广泛的修订。其次，"尽职调查"一般在发生诉讼后准备辩护时，而不是积极主动地进行。"尽职调查"一词出现在法案第 16 章第 21（1）条，其中规定"应为被指控人辩护，以证明他采取了一切合理的预防措施，并尽一切努力避免触犯该法律。

食品安全法（一般食品卫生）1995
Food Safety (General Food Hygiene) Regulations 1995

该条例中最有趣的概念之一是"关键控制点的危害分析（HACCP）"，这在第 18 章中讨论。HACCP 程序已纳入欧洲卫生立法，因此应在所有欧盟成员国执行。

　　酸　一类具有酸味的物质，其 pH 低于 7。包含多个氢离子，与碱反应形成盐。

　　吸收　一种物质的分子进入另一种物质的内部（参见吸附 - adsorption）。

　　吸附　分子附着于另一种物质表面。

　　好氧的　需要氧气的存在。在有氧运动中，肌肉永远不能缺氧。

　　蛋清　一类在鸡蛋清中发现的水溶性蛋白质，遇热凝固。用于下胶。

　　醛　一类以乙醛为代表的具有—CHO 基团的物质，葡萄酒在氧化过程中产生强烈气味的化合物。

　　碱　一类 pH 高于 7 的物质，具有—OH 基团。与酸反应形成盐。

　　过敏原　一类会引发过敏反应的物质。

　　氨基酸　一类具有氨基（—NH$_2$）的物质，是构成蛋白质的基础物质。由活细胞合成或从饮食中获得。

　　厌氧的　需要无氧环境。

　　花色苷　植物中的可溶性多酚类色素，颜色范围从红色到蓝色。颜色随 pH 变化。

　　抗氧化剂　一种能将氧化作用最小化的物质。

　　水的；水成的　含水的，水状的。

　　螺旋升水泵　在管子里装有宽螺纹，最初用于提升水的泵。

　　大气层，大气压　围绕地球的空气层，大约由 78% 的氮气和 21% 的氧气组成。单位压力为每平方英寸 14.7 磅，或 760 mm 汞柱。

　　原子　具有该元素性质的化学元素的最小单位。

　　原子量　元素中一个原子的质量。

　　细菌　单细胞微生物，比酵母小。

巴　一个大气压的单位，或每平方英寸 14.7 磅，或 760 mm 汞柱。

橡木桶　一种在全世界广泛使用的木桶。容量为 225 L。

膨润土　一种分子式为 $Al_4Si_8O_{20}(OH)_4 \cdot nH_2O$ 的铝硅酸盐黏土，遇水膨胀并具有很强的吸附特性。

生物化学　生物体内的化学反应。

青铜　一种铜和锡的合金，具有不同的比例。

缓冲效应　溶解盐对溶液 pH 的影响。

致癌物质　一类能引发癌症的物质。

酪蛋白　牛奶中的一种胶状蛋白。起到预防凝乳的作用，用于葡萄酒的下胶。

浑浊　来自于法语 breakage。溶液中出现固体，形成沉淀。

催化剂　一类能使化学反应以更快速度进行，但自身不会参与反应的物质。

酒帽　红葡萄酒发酵过程中葡萄皮浮在酒液上。

叶绿素　植物中能够促进光合作用的绿色物质。

胶体　液体中分散的微小粒子，肉眼不可见，但在显微镜下可见。

复合物　由两种或多种化合物松散结合而形成的物质。

化合物　可通过化学反应分解成其组成元素的物质。

分解　分解成组成部分。

密度　单位体积物质的质量。

馏分　在蒸馏过程中从冷凝器中收集的液体。

元素　不能通过化学手段分解成简单物质的物质。

E 编码　欧盟对食品添加剂的编码。

加糖　向葡萄醪中添加糖以提高发酵后酒的酒精度。

酶　生物化学催化剂，主要是蛋白质。

环氧树脂　一种坚韧、耐腐蚀的涂料，由两种组分聚合而成。

酯类　由酒精和酸的反应形成的芳香化合物，如乙酸乙酯。

发酵　涉及酶的生化反应。

絮凝　由微小颗粒聚合形成的松散沉淀物。

酒精强化　添加酒精增加酒的酒精度。

自流汁　在没有加压的情况下，依靠重力从破碎后葡萄自行流出的葡萄汁。

　　果糖　在水果中的一种糖，与葡萄糖为同分异构体，分子式为 $C_6H_{12}O_6$。

　　葡萄糖　高等动物血液中的主要糖，分子式为 $C_6H_{12}O_6$。

　　热交换器　一种快速提高或降低液体温度的装置。

　　水解　利用水将物质分解形成新的物质。

　　离子　一类失去或获得电子而具有静电电荷的原子或分子。

　　胞内　处于细胞内部。

　　鱼胶　从鲟鱼鳔中提取的一种纯凝胶。

　　同分异构体　分子式相同而原子排列不同的化合物。

　　酮　以丙酮为代表的化合物。在葡萄酒中一般是氧化的一种产物。

　　硅藻土　一类作为过滤助剂的硅质岩石。

　　酒泥　容器底部的固体沉淀。

　　豆科植物　种子包含在豆荚中的植物。最主要的是它们的根部有硝化细菌。

　　脂蛋白　一类同时包含脂肪和蛋白质的物质。

　　浸渍作用　将固体浸泡于液体中，使其软化，并帮助提取固体中的化合物。

　　边缘气候　气候条件勉强超过生长的最低要求，能出产高质量的葡萄酒。

　　新陈代谢　生物体对物质的加工过程。

　　亚稳态　很小的稳定性。

　　微生物学　研究微观生命形式的科学。

　　微气候　小区域的局部气候。

　　微生物　微观尺寸下可见的生物：酵母，细菌，病毒。

　　矿物质　天然产生的，含有重要金属盐的物质。

　　分子质量　一分子物质的质量，是单个原子质量的总和。

　　分子　一种能保留物质特性的最小粒子。

　　葡萄醪　未发酵或已部分发酵的葡萄汁，可带皮或不带皮。

硝化细菌　一类将大气中的氮转化为氮化合物如硝酸盐的细菌，从而将氮"固定"下来。

贵腐菌　贵腐霉菌，灰霉菌。

酿酒学家　葡萄酒科学家。

有机物　与生物体有关，并基于碳的化合物。

氧化　与氧分子结合的反应。

病原体　导致疾病发生的有机体。

果胶　一种凝胶状物质，结合在植物组织中的相邻细胞壁上。

光合作用　光能将二氧化碳转化为碳水化合物的过程。

植物抗毒素　植物在逆境条件下产生的一种天然抗生素。

种植密度　单位面积种植葡萄树的数量。

聚合作用　分子结合在一起的过程。

多酚　一大类化合物，包括单宁、花色苷等。多数该类物质都是强抗氧化剂。

酒石酸氢钾　HOOC.CHOH.CHOH.COOK，酒石酸盐的主要形式。也被称为酒石。

焦亚硫酸钾　$K_2S_2O_5$，一种白色粉末，是一种有用的二氧化硫来源。

沉淀物　从溶液中析出的固体物质。

压榨汁　葡萄压榨出的汁液。

蛋白质　由氨基酸组成的复合物，是活体组织的重要组成部分。

聚乙烯吡咯烷酮　一种高分子聚合物（塑料），是一种温和的澄清剂，可以去除葡萄酒中酚类物质。

还原剂　氧化剂的相对面：涉及无氧下的化学反应。

盐　由酸和碱反应形成的化合物。最常见的是食盐或氯化钠。

溶解度　固体溶解在液体中的程度。

气孔　植物叶片表面用于呼吸的开口。

蔗糖　$C_{12}H_{24}O_{12}$，甜菜糖和甘蔗糖。

糖类　一类不同甜度的水溶性化合物。

单宁　无色多酚，给葡萄酒、茶和其他食物带来苦味。

酒石酸　HOOC.CHOH.CHOH.COOH，葡萄汁中含量最丰富的酸。葡萄酒中酸感最强烈的酸。

滴定法　通过添加适量反应物的量，来确定溶解物质浓度的方法。

黏度　物质在液体中流动的阻力。

挥发性　易蒸发的。

酵母　通过出芽生殖的单细胞微生物。大多数葡萄酒发酵使用的是酿酒酵母。

R 参考文献
eferences

Beyond alcohol: Beverage consumption and cardiovascular mortality. *Clinica Chimica Acta*, 1995, 237, 155-187.

Campbell, Christie, *Phylloxera*, Harper Collins,2004.

Clarke R.J. & Bakker J., *Wine Flavour Chemistry*, Blackwell,2004.

Ford, Gene, *The Science of Healthy Drinking*, Wine Appreciation Guild, 2003.

Goode, Jamie., *Wine Science*, Mitchell Beazley, 2005.

Hornsey, Ian, *The Chemistry and Biology of Winemaking*, The Royal Society of Chemistry,2007.

Jackson, R.S., *Wine Science*, Academic Press, 2000.

Johnson, H & Robinson, J, *The World Atlas of Wine*, 5th edition, Mitchell Beazley,2001.

Rankine, Bryce., *Making Good Wine*, Pan Macmillan, 1989.

Ribereau-Gayon et al. *Handbook of Enology*, Wiley, 2000.

Robinson, Jancis (Editor), *Oxford Companion to Wine*, 3rd edition, Oxford University Press, 2006.

Sandler & Pinder, *Wine: A Scientific Exploration*, Taylor & Francis, 2003.

Skelton, *S Viticulture*, 18 Lettice Street, London, SW6 4EH, 2009.

Micro-oxygenation—A Review *The Australian & New Zealand Grapegrower & Winemaker,* 2000.

Winc Business Monthly-various papers www.winebusiness.com.

Wine, alcohol, platelets, and the French paradox for coronary heart disease. *The Lancet*, 1992, 339, 1523-1526.

Wine bottle closures: physical characteristics and effect on composition and sensory properties of a Semillon wine. *Australian Journal of Grape and Wine Research* Vol.7,No 2, 2001.

　　酿酒技术的最大魅力在于，我们意识到酿酒没有固定的模式。每个阶段都有无数种选择，酿酒师必须作出决定，并且没有具体的科学依据作为参考。好酒是由有天赋的酿酒师酿造的，他（她）了解葡萄，深谙各种处理结果，知道最终的葡萄酒需要什么。

　　葡萄的酿酒潜力在采摘时已蕴藏在果实中。"好酒酿自葡萄园"。质量保证原则的实施能够保证葡萄的潜力一直能保持到葡萄酒被消费的那一刻。

　　尽管科学能给酿酒技术提供帮助，但毫无疑问，酿酒师是艺术家，将葡萄汁转变成给人带来快乐和健康的稀世珍宝，而美妙的葡萄酒也给酿酒师带来无限的回报。

"喝了酒，就会睡得香。
　睡得香，就不会犯错。
　不犯错，就会被救赎。
　因此，喝酒会被救赎。"

——中世纪德国

索引
Index